电子电气基础课程规划教材

电路与电子技术实验指导

蔡立娟　葛　微　主　编

詹伟达　许红梅　副主编

韩春玲　陈　宇　杨晓慧　徐志文　参　编

U0209196

电子工业出版社

Publishing House of Electronics Industry

北京 · BEIJING

内容简介

本书为《电路分析》和《电子技术》理论课程配套使用的实验教程，主要面向理学类非电子理工科专业，针对理学类专业学时多、内容多的特点，所以教程中实验项目涵盖了《电路分析》和《电子技术》课程的全部内容。全书分为电路分析实验、模拟电子技术实验、数字电子技术实验、仿真实验四部分。

每部分实验项目安排均做到由浅入深、循序渐进，在保证基础实验的同时，强调实用性，增加灵活性。

本书适合电子科学与技术、光电信息科学与工程、光电子技术科学等专业的学生使用。

图书在版编目（CIP）数据

电路与电子技术实验指导 / 蔡立娟，葛微主编. —北京：电子工业出版社，2017.8
ISBN 978-7-121-31875-7

Ⅰ. ①电… Ⅱ. ①蔡… ②葛… Ⅲ. ①电路—实验—高等学校—教材②电子技术—实验—高等学校—教材 Ⅳ. ①TM13-33②TN-33

中国版本图书馆 CIP 数据核字（2017）第 133704 号

策划编辑：竺南直
责任编辑：张　京
印　　刷：北京虎彩文化传播有限公司
装　　订：北京虎彩文化传播有限公司
出版发行：电子工业出版社
　　　　　北京市海淀区万寿路 173 信箱　邮编 100036
开　　本：720×1 000　1/16　印张：14.75　字数：281 千字
版　　次：2017 年 8 月第 1 版
印　　次：2024 年 7 月第 13 次印刷
定　　价：35.00 元

前　　言

本书为《电路分析》《电子技术》理论课程配套使用的实验教程，主要面向理学类非电子理工科专业。针对理学类专业学时多、内容多的特点，教程中的实验项目涵盖了《电路分析》《电子技术》课程中的全部内容。全书分为电路分析实验、模拟电子技术实验、数字电子技术实验、仿真实验四部分。

本书在内容安排上尽量做到由浅入深、循序渐进。各部分在保证基础实验项目的同时，均增加了综合性、设计性实验。基础性项目主要让学生验证基本定律、基本电路分析方法和电路功能，加深对理论课的理解；综合性实验用来加强学生对所学知识的综合应用能力的培养，可使学生对所学理论知识融会贯通；设计性实验主要用来提高学生对所学知识的灵活应用能力，不仅需要学生具有一定的理论基础，还需要具备一定的动手能力。

本书的特色是与所面对的专业紧密联系，实验内容的安排不再拘泥于传统的实验模式，而是突出体现所面对专业的特点，提高学生的学习兴趣，增强课程效果。

本书中对重点和难点的处理，采用的方法是突出重点，弱化难点。例如对于大部分学生来说，设计性实验相对难度较高，为降低学生实验难度，要清楚地给出实验原理，实验所需要的知识点，实验所需要的器件、设备，提供实验方案并给出参考电路，在给出参考电路的同时还要提供其他解决思路，为学生提供参考。

本书列举的实验内容较多，各院校可根据实际学时的多少和专业类别的不同要求筛选实验内容。本书既可作为电子信息类、电气类和机电类等专业学生的实验教材，又可作为电子相关专业的教学参考书，对电子类工程设计人员也有重要的参考价值。

本书第 1 章由许红梅、韩春玲编写，第 2 章由蔡立娟、葛微、徐志文编写，第 3 章由陈宇、蔡立娟编写，第 4 章由杨晓慧编写，附录由詹伟达、葛微编写。在本书的编写过程中，得到了长春理工大学电工电子实验教学示范中心教师的大力支持和帮助，清华大学科教仪器厂也对本书的编写给予了大力支持，在此一并表示衷心的感谢。

限于编者水平与时间仓促，书中难免有疏漏和不妥之处。欢迎广大读者提出宝贵意见，请将意见或建议发至电子邮箱 juanlicai@126.com

编　者

目　　录

第1章　电路分析实验 ·· （1）

　　实验一　万用表的使用及其测量误差研究 ···················· （1）

　　实验二　基尔霍夫定律 ··· （7）

　　实验三　叠加原理 ··· （10）

　　实验四　戴维南定理与诺顿定理 ································· （14）

　　实验五　运算放大器的受控源等效模型 ······················ （20）

　　实验六　含有受控源的电路研究 ································· （28）

　　实验七　简单正弦交流电路的研究 ····························· （32）

　　实验八　RC 选频网络特性测试 ································· （37）

　　实验九　无源滤波器 ·· （39）

　　实验十　双口网络参数的研究 ···································· （44）

　　实验十一　电阻式温度计设计 ···································· （48）

　　实验十二　最大功率传输定律的研究 ·························· （49）

　　实验十三　RLC 串联电路的幅频特性和谐振 ··············· （52）

第2章　模拟电子技术实验 ·· （55）

　　实验一　常用电子仪器使用练习 ································· （55）

　　实验二　晶体管共发射极放大电路 ····························· （62）

　　实验三　共集电极放大电路（射极跟随器） ················ （68）

　　实验四　三种组态放大电路的性能比较 ······················ （73）

　　实验五　差分放大电路 ··· （77）

　　实验六　负反馈放大电路 ·· （81）

　　实验七　集成运放基本运算电路 ································· （85）

　　实验八　RC 正弦波振荡器 ·· （89）

　　实验九　功率放大电路 ··· （92）

　　实验十　集成稳压电路 ··· （96）

　　实验十一　函数发生器 ··· （99）

　　实验十二　万用表的设计与调试 ································· （108）

第3章　数字电子技术实验 ·· （114）

　　实验一　TTL 门电路的测试与使用 ···························· （114）

实验二　SSI 组合逻辑电路的设计与测试⋯⋯⋯⋯⋯⋯⋯⋯（121）

实验三　MSI 组合逻辑电路的应用⋯⋯⋯⋯⋯⋯⋯⋯⋯⋯（125）

实验四　集成触发器和利用 SSI 设计同步时序电路⋯⋯⋯⋯（130）

实验五　触发器及其应用⋯⋯⋯⋯⋯⋯⋯⋯⋯⋯⋯⋯⋯⋯（137）

实验六　脉冲信号产生电路⋯⋯⋯⋯⋯⋯⋯⋯⋯⋯⋯⋯⋯（145）

实验七　四路优先判决电路设计⋯⋯⋯⋯⋯⋯⋯⋯⋯⋯⋯（153）

实验八　简易数字闹钟电路综合设计⋯⋯⋯⋯⋯⋯⋯⋯⋯（155）

第4章　仿真实验⋯⋯⋯⋯⋯⋯⋯⋯⋯⋯⋯⋯⋯⋯⋯⋯（157）

实验一　晶体管共发射极放大电路仿真⋯⋯⋯⋯⋯⋯⋯⋯（157）

实验二　差动放大电路仿真⋯⋯⋯⋯⋯⋯⋯⋯⋯⋯⋯⋯⋯（162）

实验三　组合放大电路仿真⋯⋯⋯⋯⋯⋯⋯⋯⋯⋯⋯⋯⋯（168）

实验四　负反馈放大电路仿真⋯⋯⋯⋯⋯⋯⋯⋯⋯⋯⋯⋯（171）

实验五　RC 正弦波振荡器仿真⋯⋯⋯⋯⋯⋯⋯⋯⋯⋯⋯（177）

实验六　心电图信号放大器的设计（综合设计性）⋯⋯⋯⋯（181）

附录 A　测量误差和测量数据处理的基本知识⋯⋯⋯⋯⋯⋯（186）

附录 B　常用电路元件、器件型号及其主要性能指标⋯⋯⋯（194）

附录 C　常用电子仪器介绍⋯⋯⋯⋯⋯⋯⋯⋯⋯⋯⋯⋯（201）

C.1　数字万用表⋯⋯⋯⋯⋯⋯⋯⋯⋯⋯⋯⋯⋯⋯⋯⋯⋯（201）

C.2　直流稳压电源（YB1732A）⋯⋯⋯⋯⋯⋯⋯⋯⋯⋯⋯（210）

C.3　函数信号发生器（YB1600）⋯⋯⋯⋯⋯⋯⋯⋯⋯⋯⋯（214）

C.4　毫伏表（YB2173F）⋯⋯⋯⋯⋯⋯⋯⋯⋯⋯⋯⋯⋯⋯（219）

C.5　示波器（DS1052E 带 USB）⋯⋯⋯⋯⋯⋯⋯⋯⋯⋯（221）

C.6　示波器（DS5102CA）⋯⋯⋯⋯⋯⋯⋯⋯⋯⋯⋯⋯⋯（227）

第 1 章　电路分析实验

实验一　万用表的使用及其测量误差研究

一、实验目的

（1）掌握万用表的基本原理和使用方法；

（2）研究万用表内阻对测量结果的影响；

（3）熟悉电路分析实验箱及使用方法；

（4）掌握线性电阻元件、非线性电阻元件及电源元件伏安特性的测量方法。

二、实验原理

电路分析实验中的测量仪器一般称为电子测量仪器，即其测量的是有关的量值。在教学和实际工作中需要对直流电压、直流电流、交流电压、交流电流、功率等参量进行测量，同时很多情况下需要对电阻、电容、二极管等元件的参数进行测试。最常用的电工测量仪器有万用表、交流毫伏表等。

1. 万用表

万用表是最常用的电子测量仪器之一，用它可以对电压、电流和电阻等多种物理量进行测量，测量过程中可以根据所测物理量量值选择不同的量程。

1）电压、电流挡

万用表的内部组成从原理上分为两部分：即表头和测量电路。表头通常是一个直流微安表，它的工作原理可归纳为："表头指针的偏转角与流过表头的电流成正比。"在设计电路时，只考虑表头的"满偏电流 I_m"和"内阻 R_i"值就够了。满偏电流是指表针偏转满刻度时流过表头的电流值，内阻则是表头线圈的铜线电阻。表头与各种测量电路连接就可以进行多种电量的测量。通常借助转换开关可以将表头与这些测量电路分别连接起来，可以组成一个万用表。

例如，在测量图 1-1-1 中 R 支路的电流和电压时，电压表在线路中的连接方法有两种可供选择，如图中的 1-1′点和 2-2′点。在 1-1′点时，电流表的读数为流过 R 的电流值，而电压表的读数不仅含有 R 上的电压降，而且含有电流表内阻上的电压降，因此电压表的读数较实际值为大；当电压表在 2-2′处时，电压表的读数为 R 上的电压降，而电流表的读数除含有电阻 R 的电流外还含有流过电压表的电流值，因此电流表的读数比实际值大。

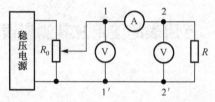

图 1-1-1　测量元件电压和电流线电路图

显而易见，当 R 的阻值比电流表的内阻大得多时，电压表宜接在 1-1′处；当电压表的内阻比 R 的阻值大得多时，电压表的测量位置应选择在 2-2′处。实际测量时，某一支路的电阻常常是未知的，因此，电压表的位置可以用下面方法选定：先分别在 1-1′和 2-2′两处试一试，如果这两种接法电压表的读数差别很小，甚至无差别，即可接在 1-1′处。如果两种接法电流表的读数差别很小或无甚区别，则电压表接于 1-1′处或 2-2′处均可。

在测量电压时，红表笔接在电路的高电位，黑表笔接在低电位；测量电流时，万用表要串联在电路中，红表笔是电流流入端。

2）欧姆挡

（1）原理说明。

电阻的测量是利用在固定电压下将被测电阻串联到电路时要引起电路中电流改变这一效应来实现的，图 1-1-2 所示是一种最简单的欧姆表线路。

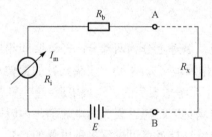

图 1-1-2　欧姆表测量原理图

它是将一只磁电式测量机构（表头 R_i）、限流电阻 R_b 和干电池（电势为 E）组合而成的，若表头的满偏电流为 I_m，内阻为 R_i，接入被测电阻 R_x 后流过表头的电流 I_x 可表示为：

$$I_x = \frac{F}{(R_i + R_b) + R_x}$$

从这个公式可以看出，被测电阻 R_x 越小，电路的电流 I_x 越大；反之则越小。因此通过表头的电流值即可间接反映 R_x 的大小。

为了改变欧姆表的量程（即改变中值电阻的数值），通常的办法是给表头并联上一个分流电阻 R_S。电阻挡可以单独设计自己的分流电路，也可以和电流挡共用一个环流分流电路，这样不但节省元件还能简化电路计算，不过这时要使用转换开关把"调零"电阻 R 接入电路，就增加了电路设计上的困难。采用这种方法，中值电阻值也不能任意选用，它取决于电流挡量程数值和所用的电池电势 E 的大小。

（2）电阻伏安特性的测量。

电阻性元件的特性可用其端电压 U 与通过它的电流 I 之间的函数关系来表示，这种 U 与 I 的关系称为电阻的伏安关系。如果将这种关系表示在 U-I 平面上，则称为伏安特性曲线。

线性电阻元件的伏安特性曲线是一条通过坐标原点的直线，该直线斜率的倒数就是电阻元件的电阻值，如图 1-1-3 所示。由图可知线性电阻的伏安特性对称于坐标原点，这种性质称为双向性，所有线性电阻元件都具有这种特性。

半导体二极管是一种非线性电阻元件，它的阻值随电流的变化而变化，电压、电流不服从欧姆定律。半导体二极管的图形符号用"——▷|——"表示，其伏安特性曲线如图 1-1-4 所示。由图可见，半导体二极管的伏安特性曲线对于坐标原点是不对称的，具有单向性特点。因此，半导体二极管的电阻值随着端电压的大小和极性的不同而不同，当直流电源的正极加于二极管的阳极而负极与阴极连接时，二极管的电阻值很小，反之二极管的电阻值很大。

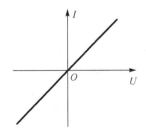

图 1-1-3　线性电阻的伏安特性曲线

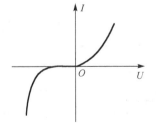

图 1-1-4　半导体二极管的伏安特性曲线

3）测量误差的影响

在实际测量中，万用表在测量两点电压时，把测量表笔与这两点并联；测电流时，应把该支路断开，把电流表串联接入此支路。因此要求电压表内阻为无穷大，而电流表内阻为零。但实际万用表都达不到这个理想程度，接入电路时，使电路状态发生变化。测量的读数值与电路实际值之间产生误差。这种由于仪表的内阻引入的测量误差称为方法误差。这种误差值的大小与仪表本身内阻值的大小密切相关。

电压源能保持其端电压为恒定值且内部没有能量损失的电压源称为理想电压源。理想电压源实际上是不存在的，可以将理想电压源与电阻的串联组合作为实际电压源模型。显然，实际电压源的内阻越小，其特性越接近理想电压源。实验箱内直流稳压电源的内阻很小，当通过的电流在规定的范围内变化时，可以近似地当作理想电压源来处理。

测量误差的大小通常分为绝对误差和相对误差。绝对误差不能确切地反映测量的准确程度，绝对误差表示为：$\Delta x = x - x_0$，其中 x 为被测量的值，x_0 为实际值；相对误差是绝对误差与实际值的比值：$\gamma = \dfrac{\Delta x}{x_0} \times 100\%$。

电表的准确度是由"准确级"来说明的。我国生产的电表的准确级分为 0.1、0.2、0.5、1.0、1.5、2.5 和 5.0 七级。准确级 α 的定义是：

$$\alpha = 100 \Delta_{\mathrm{m}} / \alpha_{\mathrm{m}}$$

式中，Δ_{m} 是电表的最大绝对误差，α_{m} 是电表的量程。所以，α 值越小，准确度越高。

三、实验内容

1. 使用两种万用表欧姆挡对电阻进行测量

用万用表测量电阻参照表 1-1-1 进行。

表 1-1-1　用万用表测量电阻

	75kΩ	43kΩ	22kΩ	2.2kΩ	200Ω
指针表					
DT9205 数字表					

2. 电压表内阻对测量结果的影响

按图 1-1-5 连线，分别测量两电阻上的电压，数据记录在表 1-1-2 中。将测量值与理论值比较并进行分析，从中得出结论。

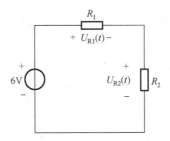

图 1-1-5　简单串联电路电压测试

表 1-1-2　记录测量数据表

	表量程	$R_1 = 75\text{k}\Omega$	$R_2 = 43\text{k}\Omega$	I
		U_{R1}	U_{R2}	mA
理论值				
数字表	20V			
指针表	10V 挡			
	2.5V 挡			

3．半导体二极管伏安特性测量

选用 2CK 型普通半导体二极管作为被测元件，实验线路如图 1-1-6 所示。图中电阻 R 为限流电阻，用以保护二极管。在测量二极管反向特性时，由于二极管的反向电阻很大，流过它的电流很小，电流表应选用直流微安挡。

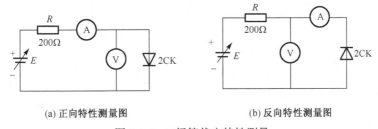

(a) 正向特性测量图　　　　　　　　　　(b) 反向特性测量图

图 1-1-6　二极管伏安特性测量

1）正向特性

按图 1-1-6（a）接线，经检查无误后，开启直流稳压源，调节输出电压，使电流表读数分别为表 1-1-3 中的数值，对于每一个电流值测量出对应的电压值，记入表 1-1-3 中，为了便于作图，在曲线的弯曲部位可适当多取几个点。

表 1-1-3　二极管正向特性测量表

I (mA)	0	0.001	0.01	0.1	1	3	10	20
U (V)								

2）反向特性

按图 1-1-6（b）接线，经检查无误后，接入直流稳压电源，调节输出电压为表 1-1-4 中所列数值，将测量所得相应的电流值记入表 1-1-4 中。

表 1-1-4　二极管反向特性测量表

U (V)	0	5	10	15	20
I (μA)					

4．用电路仿真软件仿真以上实验内容

（略）

四、实验仪器与设备

（1）电工实验箱；

（2）指针式万用表；

（3）数字万用表。

五、实验注意事项

（1）实验时，稳压源输出端不可短路，测量二极管正向特性时，应注意电流表读数不可超过 25mA，以免损坏。

（2）进行不同实验时，应先估算电压和电流值，合理选择仪表及量程，勿使仪表超量程，并注意仪表的极性。

六、思考题

（1）有一个线性电阻 R =200Ω，用电压表、电流表测量电阻 R，已知电压表内阻 R_V =10kΩ，电流表内阻 R_A =0.2Ω，问电压表与电流表怎样接法其误差较小。

（2）如何判断某一元件为线性电阻还是非线性电阻？线性电阻与二极管的伏安特性有何区别？

（3）万用表在测量直流电压或直流电流时，红黑表笔所接元件两端位置不同时，测量结果有什么不同，为什么？

（4）利用万用表测量电阻时，在有源电路中完成测试和将电阻从电路中断开时测量结果有什么不同，为什么？

（5）查阅资料，了解万用表的其他用途。

实验二　基尔霍夫定律

一、实验目的

（1）验证基尔霍夫定律，加深对 KCL、KVL 适用范围的认识；

（2）加深对电流参考方向、电压参考极性的认识；

（3）进一步熟悉采用万用表测量电压、电流的方法。

二、预习要求

（1）阅读仪器仪表使用手册，进一步熟悉使用万用表测量电压电流的方法。

（2）计算图 1-2-1、图 1-2-2 和图 1-2-3 所示电路中各支路电压及电流理论值。

（3）根据计算的理论值，选择合适的测量量程，并计算由此产生的误差。

（4）实验中，均未考虑电压源的内阻，这样做是否合理？说明理由。

三、实验原理

1. 实验原理

基尔霍夫定律是适用于集总参数电路的基本定律，具有普遍性。无论是线性电路还是非线性电路，无论是时变电路还是非时变电路，在任一瞬间测出电路中的各支路电流及各支路电压都应符合上述定律。它包括以下两个方面的内容。

1）基尔霍夫电流定律（简称 KCL）

任何集总参数电路中，在任意时刻，流入（或流出）任一结点（或封闭面）的电流的代数和恒等于零。假设流过结点的 n 条支路中第 k 条支路电流用 i_k 表示，则 KCL 可表示为：

$$\sum_{k=1}^{n} i_k = 0$$

对电路某结点列写 KCL 方程时，流出该结点的支路电流取正号，流入该结点的支路电流取负号。KCL 不仅适用于结点，也适用于任何假想的封闭面，即流出

（或流入）任一封闭面的全部支路电流代数和等于零。

2）基尔霍夫电压定律（简称 KVL）

对于任何集总参数电路的任一回路，在任一时刻，沿该回路全部支路电压的代数和等于零。假设某一回路上的 n 条支路中第 k 条支路电压用 u_k 表示，则 KVL 可表示为：

$$\sum_{k=1}^{n} u_k = 0$$

在列写回路 KVL 方程时，应指定回路的绕行方向，参考方向与回路绕行方向相同的支路电压取正号，与绕行方向相反的支路电压取负号。

2. 实验说明

当实际电路较复杂时，很难直接判断电路各支路电压电路的真实方向，须先设定各电压和电流的参考方向或极性（一般可采用关联参考方向）。测量时，万用表的表笔必须按预先设定的参考方向接入电路，若显示数值为正，说明设定的参考方向与实际电路电流方向或电压的极性一致，否则就是相反的。

四、实验内容

1. 验证基尔霍夫定律

（1）根据图 1-2-1、图 1-2-2 和图 1-2-3 所示的实验电路原理图，在实验箱内组装相应的电路。实验前先任意设定各支路的电流参考方向，可采用如图中所示方向。

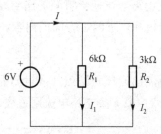

图 1-2-1　简单并联电路测量图

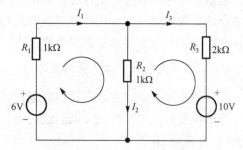

图 1-2-2　混联电路测量图

（2）检查组装的电路无误后将直流稳压电源接入电路，调节直流稳压电源的电压值。

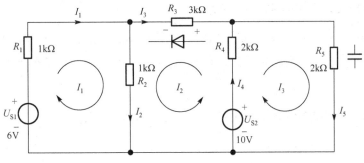

图 1-2-3　电压、电流测试图

（3）用万用表的电流挡测量电路中的电流，将结果记录在表 1-2-1、表 1-2-2 和表 1-2-3 内。测量时，直流表应串联在各支路中（注意直流毫安表的"+、−"极与电流的参考方向）。对于每个回路验证基尔霍夫电流定律。

表 1-2-1　图 1-2-1 的电流测量表

被测量	I_1	I_2	I
理论值			
测量值			
绝对误差			
相对误差			

表 1-2-2　图 1-2-2 的电压、电流测量表

被测量	I_1（mA）	I_2（mA）	I_3（mA）	U_{R1}（V）	U_{R2}（V）	U_{R3}（V）
计算量						
测量值						
相对误差						

表 1-2-3　图 1-2-3 的电压、电流测量表

	U_1	U_2	U_3	U_4	U_5	I_1	I_2	I_3	I_4	I_5
内容 1										
内容 2										

（4）用数字万用表分别测量各电阻元件上的电压值，记录在表格内。对于电路中的每个节点验证基尔霍夫电压定律。

2. 基尔霍夫定律的适用性分析

将图 1-2-3 电路中的 R_3 换成二极管，R_5 换成 10μF 电容（实验箱中 C_1），此时电路是非线性的，重复上述实验步骤，将结果填入表格中，看是否满足基尔霍夫定律。

3. 用 EWB 软件仿真上述实验内容，并进行数据比较

（略）

五、实验仪器与设备

（1）电路分析实验箱；
（2）数字万用表。

六、实验注意事项

（1）在测量各支路电流和电压时，应预先设定好各支路的电压和支路电流的参考方向及参考极性。

（2）二极管符号为 $^+\!\!\!▷\!\!\mid\!\!^-$，它是一种半导体元件，它的基本特征是单向导电。接电路时务必让其正向导通，即正极接高电位结点，负极接低电位结点。

（3）为减少测量中的系统误差，稳压电源输出电压以用数字万用表测量为准。

实验三　叠加原理

一、实验目的

（1）验证叠加原理的内容，加深理解电路中的电流、电压的参考方向；
（2）学会正确使用电压表和电流表的测试方法；
（3）提高分析检查电路故障的能力。

二、预习要求

（1）掌握叠加原理，掌握叠加原理的使用前提和应用范围。
（2）按照实验内容测试电路参数并进行理论计算。

三、实验原理

　　叠加原理是反映线性电路基本性质的一个重要原理，利用这个原理可以简化电路的分析和计算，特别应当指出的是叠加原理只适用于线性电路，只能用来计算电流和电压，不能计算功率。

　　电路的参数不随外加电压及通过其中的电流而变化，即电压和电流成正比的电路，叫作线性电路。在线性电路中，每一元件上的电压或电流可看成是每一独立源单独作用在该元件上所产生的电压或电流的代数和。由此可以得出一个推理：即当独立电源增加或减小 K 倍时，由其在各元件上产生的电压或电流也增加或减小 K 倍，这就是线性电路的比例性。

　　叠加原理不仅适用于线性直流电路，也适用于线性交流电路。为了测量方便，我们用直流电路来验证它。叠加原理可简述如下：在线性电路中，任一支路中的电流（或电压）等于电路中各个独立源分别单独作用时在该支电路中产生的电流（或电压）的代数和，所谓一个电源单独作用是指除了该电源外其他所有电源的作用都去掉，即理想电压源所在处用短路代替，理想电流源所在处用开路代替，如图 1-3-1 所示，但保留它们的内阻，电路结构也不做改变。

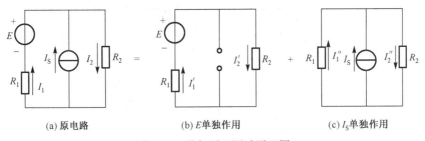

(a) 原电路　　　　　　　(b) E单独作用　　　　　　　(c) I_S单独作用

图 1-3-1　叠加原理测试原理图

　　由于功率是电压或电流的二次函数，因此叠加原理不能用来直接计算功率。例如在图 1-3-2 中，阐明叠加方法在功率计算中应注意的问题。

$$I_1 = I_1' - I_1''$$
$$I_2 = -I_2' + I_2''$$
$$I_3 = I_3' + I_3''$$

显然　　　　　　　　　　$$P_{R1} \neq (I_1')^2 R_1 + (I_1'')^2 R_1$$

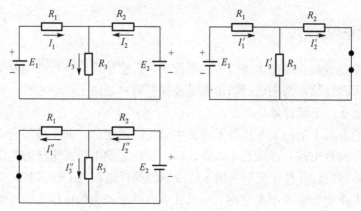

图 1-3-2　叠加方法求解电流

四、实验内容

（1）按图 1-3-3 连接电路，将 $R_4 + R_3$ 调到 1kΩ，接通实验箱电源，然后调试两组电源（带载调试），调节直流稳压电源 A 和直流稳压电源 B，使 E_1=10V，E_2=6V，测量 E_1、E_2 同时作用和分别单独作用时的支路电流 I_3、U_{R1}、U_{R2}、U_{R3}，并将数据记入表 1-3-1 中。

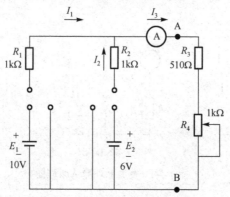

图 1-3-3　叠加原理验证实验电路

表 1-3-1　测量数据记录表

	实验值				理论值			
	I_3	U_{R1}	U_{R2}	U_{R3}	I_3	U_{R1}	U_{R2}	U_{R3}
E_1、E_1 同时作用								
E_1 单独作用								
E_2 单独作用								

注意：一个电源单独作用时，另一个电源需要从电路中取出，并将空出的两点用导线连起来。还要注意电流（或电压）的正、负极性。（注意：测量时，电压和电流的参考方向与图 1-3-3 中参考方向一致。）

（2）按图 1-3-4 接线，然后调试两组电源（带载调试）。

① 测量 E_1、E_2 共同作用时各电阻上的电压，数据记录于表 1-3-2 中；

② 测量 E_1 单独作用时各电阻上的电压；

③ 测量 E_2 单独作用时各电阻上的电压。

E_1、E_2 单独作用时，不用的电源接线从电源上拔下来短接，以免烧坏电源。接线时注意两组电源负极要连线。

（3）将图 1-3-4 中的 R_2 用二极管代替，接在电路中时，使其正向导通，重复步骤 2，研究网络中含有非线性元件时叠加原理是否适用，数据记录于表 1-3-2 中。

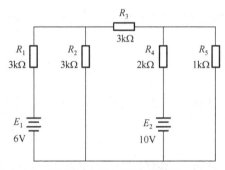

图 1-3-4 叠加原理电路图

表 1-3-2 测量数据记录表

	V_{R1}	V_{R2}	V_{R3}	V_{R4}	V_{R5}
E_1+E_2 (V)					
E_1 (V)					
E_2 (V)					

（4）在图 1-3-4 中，任意调节 R_4 的电阻值，任选一个回路，测定各元件上的电压，数据记录于表 1-3-3 中。

（5）用 EWB 软件仿真上述实验内容，并进行数据比较。

表 1-3-3　测量数据记录表

	V_{R1}	V_{R2}	V_{R3}	V_{R4}	V_{R5}
E_1+E_2（V）					
E_1（V）					
E_2（V）					

五、实验仪器与设备

（1）电工实验箱；

（2）数字万用表。

六、思考题

（1）在实验电路中，若一个电阻是二极管，线性电路的齐次性和叠加性是否还成立？说明理由。

（2）电阻所消耗的功率是否可以用叠加原理计算，根据理论数据进行计算并得出结论。

（3）如果电路中的电源大小变为原图中的两倍，各支路的电压和电流该如何变化？为什么？

实验四　戴维南定理与诺顿定理

一、实验目的

（1）加深对等效电源定理（戴维南定理与诺顿定理）的理解；

（2）学会几种测量等效电源参数的方法；

（3）掌握用实验方法证明定理的操作技能；

（4）学会合理运用电表测量数据，减小测量误差；

（5）学习实验电路的设计方法。

二、预习要求

（1）预习戴维南定理和诺顿定理和实验电路图 1-4-5。

（2）分析技术实验电路图 1-4-5 中戴维南定理参数，并填入表 1-4-1 中。

（3）预习实验操作过程，确定测量开路电压的测量方法。

（4）设计两种测量等效电阻 R_o 的实验电路图，写出测量操作步骤。

三、实验原理

1. 戴维南定理

含独立电源的线性单口网络 N，就端口特性而言，可以等效为一个理想电压源和电阻的串联单口网络，如图 1-4-1（a）所示。理想电压源的电压等于原单口网络在负载开路时的开路电压 u_{oc}，电阻 R_o（又称等效内阻）等于单口网络中所有独立源为零（理想电压源视为短路，理想电流源视为开路）时所得单口网络 N_0 的等效电阻，如图 1-4-1（b）所示。

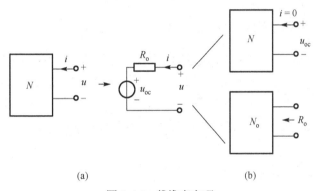

(a)   (b)

图 1-4-1 戴维南定理

u_{oc} 称为开路电压，R_o 称为戴维南等效电阻。其端口电压电流关系方程可表示为：

$$u = R_o i + u_{oc}$$

2. 诺顿定理

任何一个线性有源单口网络，就端口特性而言，都可以等效为一个理想电流源和电阻并联的单口网络，如图 1-4-2（a）所示。理想电流源的电流等于原单口网络在从外部短路时的短路电流 i_{sc}，其电阻（又称等效内阻）等于单口网络中所有独立源置零（理想电压源视为短路，理想电流源视为开路）时所得单口网络 N_0 的入端等效电阻 R_o，如图 1-4-2（b）所示。

i_{sc} 称为短路电流，R_o 称为诺顿电阻，其端口电压电流关系方程可表示为：

$$i = \frac{u}{R_o} - i_{sc}$$

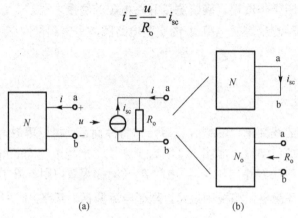

(a)　　　　　　　　　　　　　　　　(b)

图 1-4-2　诺顿定理

3．有源单口网络等效参数的测定方法

等效电源定理是指任何一个线性含源二端网络，总可以用一个等效电压源或等效电流源表示，等效成电压源时其等效电动势等于该网络的开路电压，而内阻等于该网络中的所有独立源为零（保留内阻）时的等效电路（戴维南定理）。等效成电流源时，恒流源的电流大小等于该网络的短路电流，内阻求法同上（诺顿定理）。

1）测量开路电压 u_{oc}

如果电压表的内阻比被测单口网络的内阻大很多，电压表几乎不分流网络电流，可以直接用电压表或万用表的电压挡测量。

2）测量短路电流 i_{sc}

如果电流表的内阻比被测单口网络的内阻小很多，其上的电压降可忽略不计，可直接用电流表或万用表的电流挡测量。

3）测量等效电阻 R_o

对于抑制的线性有源单口网络，其输入端等效电阻 R_o 既可以从原网络计算得出，也可以通过实验手段测量出，下面介绍几种测量方法。

方法一：开路电压、短路电流法测 R_o。

在线性有源单口网络输出端开路时，用电压表直接测量其输出端的开路电压，然后将其输出端短路，用电流表测量其短路电流，则等效电阻为：

$$R_o = \frac{U_{oc}}{I_{sc}}$$

这种方法最简便，但如果单口网络的内阻很小，将其端口短路则易损坏其内部元件。

方法二：伏安法测 R_o。

如图 1-4-3 所示，如果线性网络不允许 a、b 端开路或短路，可以测量该单口网络的外特性（可在 a、b 端既不开路也不短路的情况下测量两个不同外接负载 R_L 的电流值及电压值），则外特性曲线的延长线在纵坐标（电压坐标）上的截距就是 U_{oc}，在横坐标（电流坐标）上的截距就是 I_{sc}。而：

$$R_o = R_{ab} = \frac{U_{oc}}{I_{sc}}$$

或者求出外特性曲线的斜率 $\tan\varphi$，则内阻为：

$$R_o = R_{ab} = \tan\varphi = \frac{\Delta U}{\Delta I} = \frac{U_{oc}}{I_{sc}}$$

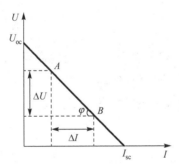

图 1-4-3　线性有源单口网络外特性曲线

方法三：如图 1-4-4 所示，测出有源单口网络的开路电压 U_{oc} 后，在端口接一负载电阻 R_L，然后测出负载电阻的端电压 U_{RL}，负载上的电阻 $U_{RL} = \dfrac{U_{oc}}{R_o + R_L}R_L$，则输入端等效电阻为：

$$R_o = \left(\frac{U_{oc}}{U_{RL}} - 1\right)R_L$$

第三种方法克服了第一种和第二种方法的缺点和局限性，在实际测量中常被采用。

方法四：将有源二端网络中的独立源都去掉，在 a、b 端外加一已知电压 U，测量一端口的总电流 $I_总$，则等效电阻 $R_{eq} = \dfrac{U}{I_总}$。

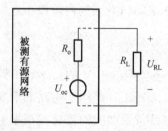

图1-4-4　有源单口网络外接负载

　　实际的电压源和电流源都具有一定的内阻，它并不能与电源本身分开，因此在去掉电源的同时，也把电源的内阻去掉了，无法将电源内阻保留下来，这将影响测量精度，因而这种方法只适用于电压源内阻较小和电流源内阻较大的情况。

四、实验内容

1. 定理的验证

　　（1）按图1-4-5接线，经检查无误后，首先利用上面测得的开路电压 U_{oc} 和预习中计算出的 R_o 估算网络的短路电流 I_{sc} 的大小，在 I_{sc} 之值不超过直流稳压电源电流的额定值和毫安表的最大量限的条件下，可直接测出短路电流，并将此短路电流 I_{sc} 数据记入表1-4-1中。

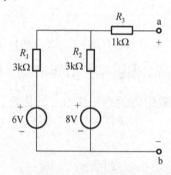

图1-4-5　戴维南、诺顿定理的实验电路图

　　（2）按照自己设计的两种测量戴维南等效电阻 R_o 的实验测试图，分别接线测量，如果是间接测量，则将测量方法和测量数据记录在自己设计的表格中，再通过计算填入表1-4-1中。用万用表测量网络a、b端的端电压 U_R。

表 1-4-1　单口网络等效参数测量数据表

测量项目		理论数据	测量数据
U_{oc}			
I_{sc}			
开短路法	$R_{o(1)}$		
设计方法一	$R_{o(2)}$		
设计方法二	$R_{o(3)}$		

2．测定有源二端网络的外特性

将直流稳压电源的输出电压调节到等于实测的开路电压 U_{oc} 值，以此作为理想电压源，调节实验箱内电位器，使电阻大小等于 R_o，并保持不变，以此作为等效内阻，将两者串联起来组成戴维南等效电路。按图 1-4-6 接线，经检查无误后，在不同负载的情况下，测量相应的负载端电压和流过负载的电流，共取五个点将数据记入自拟的表格中。测量时注意，若采用万用表进行测量，要特别注意换挡。

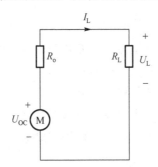

图 1-4-6　测量单口网络外特性电路图

重复上述步骤测出负载电压和负载电流，并将数据记入表 1-4-2 中。

表 1-4-2　测试数据表

$R_o =$ _____ ,　$U_{oc} =$							
测量项目		单位	测量数据				
可调参数	R_L	kΩ	1.5	2	2.5	3	3.5
测量项目	U_L						
	I_L						

3. 用 EWB 软件仿真上述实验内容，并进行数据比较

（略）

五、实验仪器与设备

（1）电工实验箱；
（2）数字万用表。

六、实验注意事项

（1）测量时应合理选择仪表及其量程。

（2）实验中，若出现独立电压源置零的情况，可用一根短路导线代替电压源置零，不可将提供的电压源短接。

（3）若用万用表直接测量 R_o、R_L，网络内的独立源必须置零，以免损坏万用表。

（4）自主设计实验时，应先估计及确定所设计电路等效参数的合理范围。

七、思考题

（1）两个线性有源单口网络等效的充要条件是什么？

（2）在求含独立源线性单口网络等效电路中的电阻时，如何理解"该网络中所有独立源置零"？在实验中怎样将独立源置零？

（3）测量有源单口网络等效电路电阻共有几种方法？

（4）若给定一线性有源单口网络，在不测量 U_{oc} 和 I_{sc} 的情况下，如何用实验方法求得该网络的等效参数？

实验五　运算放大器的受控源等效模型

一、实验目的

（1）理解、掌握受控源的外特性；
（2）了解运算放大器组成受控源的基本原理；
（3）测试 VCVS、VCCS 或 CCVS、CCCS，加深对受控源的受控特性的认识。

二、实验原理

1. 受控源等效模型

根据控制量与受控量电压或电流的不同，受控源有四种：电压控制电压源（VCVS）、电压控制电流源（VCCS）、电流控制电流源（CCVS）和电流控制电流源（CCCS），如图 1-5-1 所示。

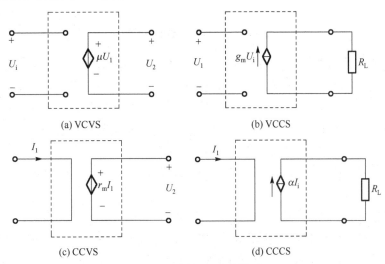

(a) VCVS   (b) VCCS

(c) CCVS   (d) CCCS

图 1-5-1　受控源电路模型

四种受控源的转移函数参量的定义如下。

① 电压控制电压源（VCVS）：$U_2 = f(U_1)$，$\mu = U_2/U_1$ 称为转移电压比（或电压增益）。

② 电压控制电流源（VCCS）：$I_L = f(U_1)$，$g_m = I_L/U_1$ 称为转移电导。

③ 电流控制电压源（CCVS）：$U_2 = f(I_1)$，$r_m = U_2/I_1$ 称为转移电阻。

④ 电流控制电流源（CCCS）：$I_L = f(I_1)$，$\alpha = I_L/I_1$ 称为转移电流比（或电流增益）。

2. 运放的受控源等效模型

运算放大器是一种有源三端元件，图 1-5-2（a）为运算放大器的图形符号。

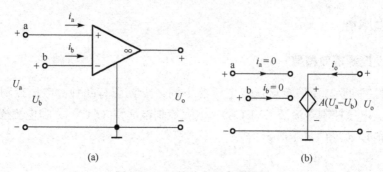

图 1-5-2　运算放大器电路模型

它有两个输入端，一个输出端和一个对输入和输出信号的参考地线端。"+"端称为非倒相输入端，信号从非倒相输入端输入时，输出信号与输入信号对参考地线端来说极性相同。"−"端称为倒相输入端，信号从倒相输入端输入时，输出信号与输入信号对参考地线端来说极性相反。运算放大器的输出端电压：

$$u_o = A(u_b - u_a)$$

式中，A 是运算放大器的开环电压放大倍数。在理想情况下，A 和输入电阻 R_{in} 均为无穷大。

运算放大器的理想电路模型为一受控电源，如图 1-5-2（b）所示。在它的外部接入不同的电路元件可以实现信号的模拟运算或模拟变换，它的应用极其广泛。含有运算放大器的电路是一种有源网络，在电路实验中主要研究它的端口特性以了解其功能。本次实验将要研究由运算放大器组成的几种基本受控源电路。

（1）图 1-5-3 所示的电路是一个电压控制电压源（VCVS）电路。由于运算放大器的"+"和"−"端为虚短路，则：

$$u_a = u_b = u_1$$

故

$$i_{R2} = \frac{u_b}{R_2} = \frac{u_1}{R_2}$$

又

$$i_{R1} = i_{R2}$$

所以

$$u_2 = i_{R1}R_1 + i_{R2}R_2 = i_{R2}(R_1 + R_2) = \frac{u_1}{R_2}(R_1 + R_2) = \left(1 + \frac{R_1}{R_2}\right)u_1$$

即运算放大器的输出电压 u_2 受输入电压 u_1 的控制。其电压比 μ 为：

$$\mu = \frac{u_2}{u_1} = 1 + \frac{R_1}{R_2}$$

式中，μ 无量纲，称为电压放大倍数。该电路是一个非倒相比例放大器，其输入端和输出端有公共接地点。这种连接方式称为共地连接。

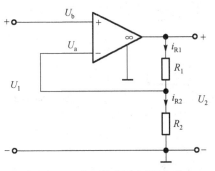

图 1-5-3　电压控制电压源电路

（2）将图 1-5-3 电路中的 R_1 看成一个负载电阻，这个电路就成为一个电压控制电流源（VCCS）电路，如图 1-5-4 所示，运算放大器的输出电流为：

$$i_s = i_R = \frac{u_a}{R} = \frac{u_1}{R}$$

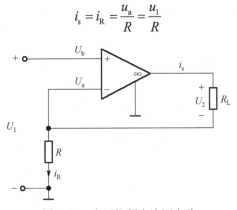

图 1-5-4　电压控制电流源电路

即 i_s 只受运算放大器输入电压 u_1 的控制，与负载电阻 R_L 无关。其 g_m 比例系数为：

$$g_m = \frac{i_s}{u_1} = \frac{1}{R}$$

式中，g_m 具有电导的量纲，称为转移电导。输入、输出无公共接地点，这种连接方式称为浮地连接。

（3）一个简单的电流控制电压源（CCVS）电路如图 1-5-5 所示。由于运算放大器的"+"端接地，即 $u_b = 0$，所以"−"端电压 u_a 也为零，在这种情况下，运算放大器的"−"端称为"虚地点"，显然流过电阻 R 的电流即为网络输入端口电流 i_1，运算放大器的输出电压 $u_2 = -i_1 R$，它受电流 i_1 所控制。其比例系数 r_m 为：

$$r_m = \frac{u_2}{i_1} = -R$$

式中，r_m 具有电阻的量纲，称为转移电阻，这种连接方式称为共地连接。

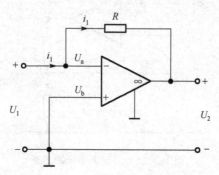

图 1-5-5　电流控制电压源电路

（4）运算放大器还可构成一个电流控制电流源（CCCS）电路，如图 1-5-6 所示，由于：

$$u_c = -i_{R_2} R_2 = -i_1 R_2$$

又因为

$$i_{R3} = -\frac{u_c}{R_3} = i_1 \frac{R_2}{R_3}$$

所以

$$i_s = i_{R2} + i_{R3} = i_1 + i_1 \frac{R_2}{R_3} = \left(1 + \frac{R_2}{R_3}\right) i_1$$

即输出电流 i_s 受输入端口电流 i_1 的控制，与负载电阻 R_L 无关。它的理想电路电流比 α 为：

$$\alpha = \frac{i_s}{i_1} = 1 + \frac{R_2}{R_3}$$

式中，α 无量纲，称为电流放大系数。这个电路实际上起着电流放大的作用，连接方式称为浮地连接。

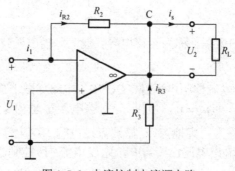

图 1-5-6　电流控制电流源电路

本次实验中，受控源全部采用直流电源激励（输入），对于交流电源激励和其他电源激励，实验结果完全相同。由于运算放大器的输出电流较小，因此测量电压时必须用高内阻电压表，如万用表等。

三、实验内容

1. 测试电压控制电压源和电压控制电流源特性

实验线路及参数如图 1-5-7 所示。

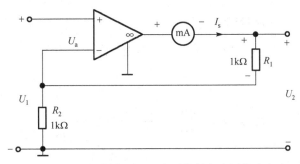

图 1-5-7　电压控制电压源和电压控制电流源实验电路

（1）电路接好后，先不给激励电源 U_1，将运算放大器"+"端对地短路，接通实验箱电源工作正常时，应有 $U_2 = 0$ 和 $I_s = 0$。

（2）接入激励电源 U_1，取 U_1 分别为 0.5V、1V、1.5V、2V、2.5V（操作时每次都要注意测定一下），测量 U_2 及 I_s 值并逐一记入表 1-5-1 中。

表 1-5-1　受控源 VCVS 和 VCCS 实验数据记录表

给定值		U_1（V）	0	0.5	1	1.5	2	2.5
VCVS	测量值	U_2（V）						
	计算值	μ	—					
VCCS	测量值	I_s（mA）						
	计算值	g_m（s）	—					

（3）保持 U_1 为 1.5V，改变 R_1（即 R_L）的阻值，分别测量 U_2 及 I_s 的值并逐一记入表 1-5-2 中。

（4）核算表 1-5-1 和表 1-5-2 中的各 μ 和 g_m 值，分析受控源特性。

表 1-5-2　受控源 VCVS 和 VCCS 实验数据记录表

给定值		R_1（kΩ）	1	2	3	4	5
VCVS	测量值	U_2（V）					
	计算值	μ					
VCCS	测量值	I_s（mA）					
	计算值	g_m（s）					

2. 电流控制电压源特性

实验电路如图 1-5-8 所示，输入电流由电压源 U_s 与串联电阻 R_i 所提供。

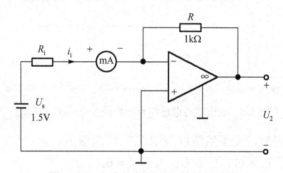

图 1-5-8　电流控制电压源特性测试图

（1）给定 R 为 1kΩ，U_s 为 1.5V，改变 R_i 的阻值，分别测量 I_1 和 U_2 的值，并逐一记录于表 1-5-3 中，注意 U_2 的实际方向。

表 1-5-3　实验数据记录表

给定值	R_1（kΩ）	1	2	3	4	5
测量值	I_1（mA）					
	U_2（V）					
计算值	r_m（Ω）					

（2）保持 U_s 为 1.5V，改变 R_i 为 1kΩ的阻值，分别测量 I_1 和 U_2 的值，并逐一记录于表 1-5-4 中。

（3）核算表 1-5-3 和表 1-5-4 中的各 r_m 值，分析受控源特性。

表 1-5-4   实验数据记录表

给定值	R_1（kΩ）		1	2	3	4	5
测量值	I_1（mA）						
	U_2（V）						
计算值	r_m（Ω）						

3．测试电流控制电流源特性

实验电路及参数如图 1-5-9 所示。

（1）给定 U_s 为 1.5V，R_i 为 3kΩ，R_2 和 R_3 为 1kΩ，负载分别取 0.5kΩ、2kΩ、3kΩ，逐一测量并记录 I_1 及 I_2 的数值。

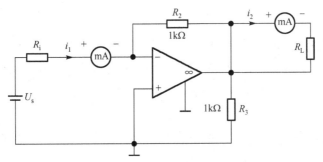

图 1-5-9   电流控制电流源特性测试图

（2）保持 U_s 为 1.5V，R_L 为 1kΩ，R_2 和 R_3 为 1kΩ，分别取 R_i 为 3kΩ、2.5kΩ、2kΩ、1.5kΩ、1kΩ，逐一测量并记录 I_1 及 I_2 的数值。

（3）保持 U_s 为 1.5V，R_L 为 1kΩ、R_i 为 3kΩ，分别取 R_2（或 R_3）为 1kΩ、2kΩ、3kΩ、4kΩ、5kΩ，逐一测量并记录 I_1 及 I_2 的数值。以上各实验记录表格模仿前边的自拟。

（4）核算各种电路参数下的 α 值，分析受控源特性。

4．用 EWB 软件仿真上述实验内容，并进行数据比较

（略）

四、实验仪器与设备

（1）电路分析实验箱；

（2）直流毫安表；

（3）数字万用表。

五、实验注意事项

（1）实验电路确认无误后，方可接通电源，每次在运算放大器外部换接电路元件时，必须先断开电源。

（2）实验中，受控源的运算放大器输出端不能与地端短接。

（3）做电流源实验时，不要使电流源负载开路。

实验六　含有受控源的电路研究

一、实验目的

（1）熟悉受控源的特性；

（2）通过理论分析和实验验证掌握含有受控源的线性电路的分析方法。

二、预习要求

将受控源接入图 1-6-1 所示的电路，应用以下指定的三个方法求出电路中的电压 u_{bc}：

（1）列写电路方程求解；

（2）应用叠加原理求解；

（3）用戴维南定理求解。

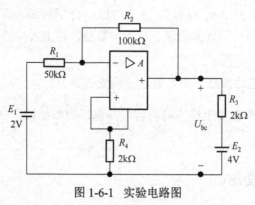

图 1-6-1　实验电路图

将用以上方法解得的结果列写在表 1-6-1 中。

表 1-6-1　实验电路数据记录表

求解方法	求解结果		
列写电路方程	$u_{bc} =$		
叠加原理	E_1 作用，$E_2 = 0$	$u'_{bc} =$	
	$E_1 = 0$，E_2 作用	$u''_{bc} =$	
	E_1、E_2 共同作用	$u_{bc} = u'_{bc} + u''_{bc} =$	
戴维南定理	等效电势　$E_o =$		
	等效内阻　$R_o =$		
	$u_{bc} =$		

预习时 μ 按 $\mu = -R_2/R_1 = -2$ 计算。

接线图 1-6-1 的等效电路如图 1-6-2 所示。预习按此图计算 u_{bc}。

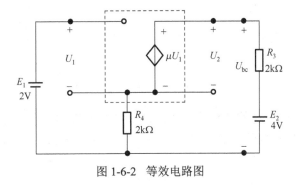

图 1-6-2　等效电路图

三、实验原理

在分析电子电路时将广泛地遇到非独立电源（电压源或电流源），这类电源有时也称为受控源。和独立电源不同的是，它们中电压源的电压、电流源的电流不是独立的，而是受另一电压或电流的控制。按控制量与受控量的不同，非独立电源一般可以分为四种，即电压控制的电压源、电流控制的电压源、电压控制的电流源和电流控制的电流源。它们的图形符号分别示于图 1-6-3 中。

由图 1-6-3 可见，一个受控源可用一个含有两个支路的二端口网络来表示，其中支路 2 表示受控电源（电压源或电流源），支路 1 表示控制支路及控制量。在图 1-6-3（a）中，支路 1 是开路的，它两端的电压为 u_1，支路 2 中有一电压源，其电压 $u_2 = \mu u_1$，即受控于电压 u_1，因此是一个电压控制的电压源。在图 1-6-3（b）中，支路 1 是短路的，流经其中的电流为 i_1，而支路 2 中的电压源，其电压 $u_2 = r_m i_1$，

即受控于电流 i_1，因此是一个电流控制的电压源。与此类似，图 1-6-3（c）和
图 1-6-3（d）分别是电压控制的电流源和电流控制的电流源，表示其特性的方程
分别是 $i_2 = g_m u_1$ 和 $i_2 = \beta i_1$。

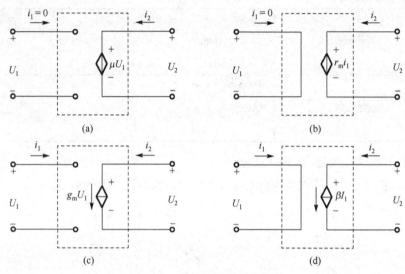

图 1-6-3　四种受控源电路模型

如果在表示受控源的控制量与受控量的关系式中，比例系数 μ、r_m、g_m、β 是
常数，这样的受控源便是线性元件。由线性电阻 R、电感 L、电容 C 及线性受控
源组成的电路仍是线性电路。分析含有线性受控源的电路，可以先将受控源当作
独立电源，写出电路的方程式，再将受控源的特性方程代入，用控制支路的电压
（电流）表示受控源的电压（电流），由此得出的方程便可解出电路中的各未知电
流、电压。

对于含有受控源的线性电路，叠加原理、戴维南定理也都是适用的。

在本实验中将通过对一个含有电压控制的电压源的线性电路的研究，掌握分
析这类电路的方法。

本实验所用电压控制电压源是一个用运算放大器接成的比例器，如图 1-6-4
所示。在理想情况下（$A \to \infty$），它的输入电压 u_1 与输出电压 u_2 有以下关系：

$$u_2 = -\frac{R_2}{R_1} u_1$$

如果 R_1 足够大，就可以将它看作图 1-6-3（a）的电压控制的电压源，$\mu = -\dfrac{R_2}{R_1}$。

应当注意，对于实际的运算放大器，u_2 的大小是有限制的，只有不超过规定的范

围，上面的关系式才成立。

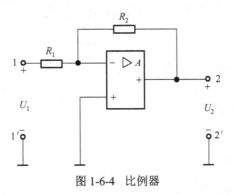

图 1-6-4　比例器

四、实验内容

（1）测定所用受控源的特性，即确定其比例系数及适用电压范围。测定线路如图 1-6-1 所示，其中 $R_1 = 50\text{k}\Omega$，$R_2 = 100\text{k}\Omega$，要求在不同的 u_1 情况下测量 u_2。$\mu = -R_2/R_1$ 应为一常数，但因测量所用电表有一定误差，所以实验所得 μ 有一定的差异。在本实验条件下，如差异超过 2%就认为这个非独立源已经超出了线性范围。比例系数应取线性范围内的平均值。

实验记录表格由同学自己拟定。

（2）实验验证：按图 1-6-1 接成实验线路，测量表 1-6-1 中各数值，将结果列表加以比较。实验时电路参数取下列值：

$$E_1 = 2\text{V}, E_2 = 4\text{V}, R_3 = 2\text{k}\Omega$$

应用戴维南定理时，需要测出等效内阻 R_o，测量 R_o 的方法可用加压求流或测出开路电压和短路电流然后计算。实验中的这两种方法容易造成受控源过载及超出线性范围，本实验可以在开路端 b、c 处加一适当负载 R_L，并测得这时的出口电压 U_L。从等效电路图 1-6-5 看，有

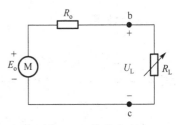

图 1-6-5　等效电路

$$U_L = E_o \frac{R_L}{R_o - R_L}$$

所以

$$R_o = R_L \frac{E_o - U_L}{U_L}$$

当改变 R_L 使 $U_L = \frac{1}{2} E_o$ 时，此时的 R_L 值即等于等效电阻 R_o，而此时电压表的

读数为端口开路电压的一半。这个方法还有一个好处，即测量用同一个电压表，由电压表带来的误差，计算时可以在很大程度上互相抵消。R_L 大小要选合适，使 $E_o - U_L$ 的差值不要太小。

五、实验仪器与设备

（1）电路分析实验箱；

（2）数字万用表。

六、思考题

如果仔细观察，测量 b、c 端开路电压（戴维南定理中的 E_o）时，所得结果总比计算值略小，为什么？

实验七　简单正弦交流电路的研究

一、实验目的

（1）用伏安法测定电阻、电感、电容的交流阻抗及其 R、L、C 的值；

（2）研究 R、L、C 元件阻抗随频率变化的关系；

（3）研究正弦交流电路中电压、电流的大小与相位的关系；

（4）学会用三压法测量及计算相位差角；

（5）学习用取样电阻法测量交流电流。

二、预习要求

（1）复习正弦交流电路中简单二端元件及简单串联二端网络的伏安特性，熟悉掌握阻抗三角形、电压三角形，并应用相量图分析各物理量之间的关系，熟记有关计算公式。

（2）了解实验设备、仪表型号及使用方法，会计算阻抗角、电感、电容的理论值。

三、实验原理

常见的三种二端元件电路如图 1-7-1 所示。

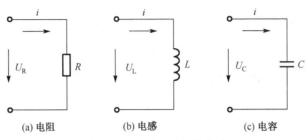

(a) 电阻　　　　　　　　(b) 电感　　　　　　　　(c) 电容

图 1-7-1　三种二端元件电路

1. 理想的线性电阻、电感和电容元件的 VCR 关系

1）电阻元件

在任何时刻电阻两端的电压与通过它的电流都服从欧姆定律。即：

$$u_R = Ri$$

式中，$R = u_R / i$ 是一个常数，称为线性非时变电阻，其大小与 u_R、i 的大小及方向无关，具有双向性。它的伏安特性曲线是一条通过原点的直线。在正弦电路中，电阻元件的伏安关系可表示为：

$$\dot{U}_R = R\dot{I}$$

式中，$R = \dfrac{\dot{U}_R}{\dot{I}}$ 为常数，与频率无关，只要测量出电阻端电压和其中的电流便可计算出电阻的阻值。电阻元件的一个重要特征是电流 $\dot{I}$ 与电压 $\dot{U}_R$ 同相。

2）电感元件

电感元件是实际电感器的理想化模型，它只具有储存磁场能量的功能。它是磁链与电流相约束的二端元件，即：

$$\psi_L(t) = Li$$

式中，L 表示电感，对于线性非时变电感，L 是一个常数。电感电压在图示关联参考方向下为：

$$u_L = L\frac{\mathrm{d}i}{\mathrm{d}t}$$

在正弦电路中：　　　　　　　　　　$$\dot{U}_L = jX_L\dot{I}$$

式中，$X_L = \omega L = 2\pi f L$ 称为感抗，其值可由电感电压、电流有效值之比求得。即 $X_L = \dfrac{U_L}{I}$。当 L 为常数时，X_L 与频率 f 成正比，f 越大，X_L 越大；f 越小，X_L 越小，电感元件具有低通高阻的性质。若 f 为已知，则电感元件的电感为：

$$L = \frac{X_L}{2\pi f}$$

理想电感的特征是电流 I 滞后于电压 $\frac{\pi}{2}$。

3）电容元件

电容元件是实际电容器的理想化模型，它只具有储存电场能量的功能，它是电荷与电压相约束的元件。即：

$$q(t) = Cu_C$$

式中，C 表示电容，对于线性非时变电容，C 是一个常数。电容电流在关联参考方向下为：

$$i = C\frac{\mathrm{d}u_C}{\mathrm{d}t}$$

在正弦电路中：　　　　　　$$\dot{I} = \frac{\dot{U}_C}{-jX_C} \text{ 或 } \dot{U}_C = -jX_C\dot{I}$$

式中，$X_C = \frac{1}{\omega C} = \frac{1}{2\pi f C}$ 称为容抗，其值为 $X_C = \frac{U_C}{I}$，可由实验测出。当 C 为常数时，X_C 与 f 成反比，f 越大，X_C 越小，$f = \infty$，$X_C = 0$ 电容元件具有高通低阻和隔断直流的作用。当 f 为已知时，电容元件的电容为：

$$C = \frac{1}{2\pi f X_C}$$

电容元件的特点是电流 I 的相位超前于电压 $\frac{\pi}{2}$。

2．三压法测 ϕ 原理

任意阻抗 Z 和 R 串联图如图 1-7-2（a）所示，其向量如图 1-7-2（b）所示。利用余弦定律可以计算串联后总阻抗角为 ϕ：

$$\cos\phi = \frac{U^2 + U_R^2 - U_Z^2}{2UU_R}$$

$\cos\phi$ 也称为功率因数，可见，只要测出 U、U_R、U_Z 三电压，就可以求出 ϕ。

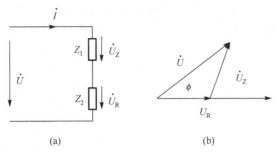

图 1-7-2　*R*、*Z* 串联电路及其相量图

四、实验内容

（1）测定电阻、电感和电容元件的交流阻抗及其参数。

按图 1-7-3 接线确认无误后，将信号发生器的频率调节到 1kHz，并保持不变，分别接通 *R*、*L*、*C* 元件的支路。改变信号发生器的电压（每一次都要用毫伏表进行测量），使之分别等于表 1-7-1 中的数值，再用取样电阻法，取样电阻 $r = 10\Omega$，测出相应的电流值，并将数据记录于表 1-7-1 中。（注意：电感 *L* 本身还有电阻。）

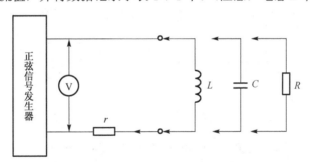

图 1-7-3　交流电路元件参数测量电路图

表 1-7-1　实验数据测量表

被测元件 \ 元件电流 \ 信号输出电压	U（V）	0	2	4	6
$R = 1k\Omega$	I_R				
$L = 0.2H$	I_L				
$C = 2\mu F$	I_C				

（2）以测得的电压为横坐标、电流为纵坐标，分别作出电阻、电感和电容元

件的有效值的伏安特性曲线（均为直线），如图 1-7-4 所示。在直线上任取一点 A，过 A 点作横轴的垂线，交于 x 轴于 B 点，则 OB 代表电压，AB 代表电流。

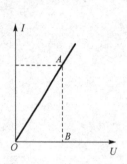

图 1-7-4 元件 VCR 关系

$$R = \frac{U_R}{I} = \frac{OB}{AB}$$

同理：
$$X_L = \frac{U_L}{I} = \frac{OB}{AB}$$

$$X_C = \frac{U_C}{I} = \frac{OB}{AB}$$

再计算出 L 和 C（此项可留到实验报告中完成）。

（3）研究阻抗串联电路中，在正弦信号作用下，电压、电流大小与相位的关系，阻抗随频率变化的关系。

按图 1-7-5 接线，元件参数如下：$L = 200\text{mH}$，$C = 0.2\mu\text{F}$，$R = 1\text{k}\Omega$。测量 R、L、C 上的电压并记录于表 1-7-2 中，并进行计算，其中 $U_S = 1\text{V}$，$I = U_R / R$。注意，每次改变频率后，都必须重新标定 $U_S = 1\text{V}$。

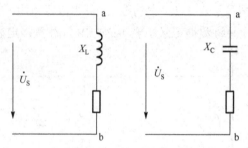

图 1-7-5 阻抗串联电路

表 1-7-2 阻抗串联电路测试数据表

U_S (V)	f (kHz)	$R\text{-}C$ 串联 测量		$R\text{-}C$ 串联 计算	计算		$R\text{-}L$ 串联 测量		$R\text{-}L$ 串联 计算	计算	
		U_R	U_C	$I = \dfrac{U_R}{R}$	$\lvert Z \rvert$	$\cos\phi$	U_R	U_L	$I = \dfrac{U_R}{R}$	$\lvert Z \rvert$	$\cos\phi$
1	0.5										
	0.8										
	1.4										

（4）用 EWB 软件仿真上述实验内容，并进行数据比较。

五、实验仪器与设备

（1）电路分析实验箱；
（2）函数信号发生器；
（3）交流毫伏表；
（4）万用表。

六、思考题

（1）当 $X_L = X_C = R$ 时，流过 R、L、C 元件的电流相同吗？
（2）仅 R、L 并联时其电流大小是否小于 R、L、C 并联时的电流？
（3）LC 并联时的电流一定大于仅接 C 时的电流吗？
（4）以上三点根据测量数据画出向量图并加以说明。

实验八　RC 选频网络特性测试

一、实验目的

（1）熟悉常用文桥 RC 选频网络的结构特点和应用；
（2）研究文桥电路的传输函数、幅频特性与相频特性；
（3）学习网络频率特性的测试方法。

二、实验原理

RC 文桥电路结构如图 1-8-1 所示。由于电桥采用了两个电抗元件 C_1 和 C_2，因此，当输入电压 u_1 的频率改变时，输出电压 u_2 的幅度和相对于 u_1 的相位也随之改变。u_2 与 u_1 的比值的模与相位随频率变化的规律称为文桥电路的幅频特性与相频特性。本实验只研究幅频特性的实验测试方法。首先求出文桥电路的传输函数：

$$u_2/u_1 = f(\omega)$$

式中，ω 为输入信号角频率。设 $R_1 = R_2 = R$，$C_1 = C_2 = C$，则得：

$$Z_1 = R + 1/j\omega C，\qquad Z_2 = R \, / \, (1 + j\omega CR)$$

根据分压比写出 u_1 与 u_2 之比，得：

$$f(\omega) = \frac{Z_2}{Z_1 + Z_2} = \frac{R \, / \, (1 + j\omega CR)}{R + 1 \, / \, j\omega CR + R \, / \, (1 + j\omega CR)}$$

令 $\omega_0 = \dfrac{1}{RC}$，代入得：

$$f(\omega) = \frac{1}{3 + \mathrm{j}(\omega/\omega_0 - \omega_0/\omega)}$$

当 $\omega = \omega_0$ 时，即 $f_0 = \dfrac{1}{2\pi RC}$，则得 $f(\omega) = \dfrac{1}{3}$。

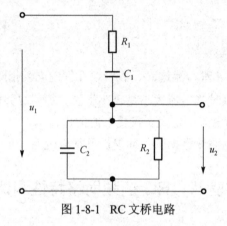

图 1-8-1　RC 文桥电路

三、实验内容

（1）选 $C_1 = C_2 = C = 2\mu\mathrm{F}$，$R_1 = R_2 = R = 500\Omega$。

（2）按图 1-8-1 接线，计算 f_0，并绘出图 1-8-2 所示 RC 选频网络的特性曲线。

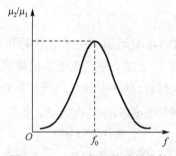

图 1-8-2　RC 选频网络特性曲线

（3）输入端加入 1V 变频电源电压。

（4）改变频率值并把所测数据填入表 1-8-1 中。

（5）用 EWB 软件仿真上述实验内容，并进行数据比较。

表 1-8-1　RC 选频网络数据记录表

f（Hz）				f_0				
u_2								
u_1								
u_2/u_1								

四、实验仪器与设备

（1）电工实验箱；

（2）数字万用表；

（3）示波器；

（4）函数信号发生器。

五、实验注意事项

（1）考虑函数发生器内阻的影响，在每次调节其输出频率时，均应同时监测及调节其输出幅度，使其输出电压保持不变。

（2）选择测试频率点时，要根据特性曲线的变化趋势合理选择。最好一边记录，一边画图，一旦发现测试结果存在不足，可及时增加测试点。

六、思考题

（1）当电路元件参数 R_1C_1 与 R_2C_2 不同时，电路是否还具有选频性质？

（2）如何进行电路相频特性的测试？自己设计实验过程，完成电路相频特性测试，并与 EWB 仿真结果进行对比。

实验九　无源滤波器

一、实验目的

（1）掌握一阶 RC 电路频率特性；

（2）了解波特图的概念及画法；

（3）掌握 RC 滤波特性及其测试方法。

二、实验原理

1. 低通滤波电路

通常滤波器是一个二端口网络。在某一段频率范围内，输入电压 U_i 可以通过这个网络，在输出电压 U_o 中显现出来。对于一个理想的滤波器，在这一段频率内，$U_o \approx U_i$；在其他频率下，输入电压被网络衰减，输出电压 U_o 很小，在理想情况下，$U_o \approx 0$。

（1）图 1-9-1 所示的电路是一阶低通滤波器，它的幅频特性是：

$$h = \left| \frac{\dot{U}_o}{\dot{U}_i} \right| = \left| \frac{1}{1+j\omega RC} \right| = \frac{1}{\sqrt{1+(f/f_o)^2}} \tag{1-9-1}$$

其中，$f_o = \dfrac{1}{2\pi RC}$。

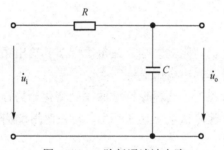

图 1-9-1　一阶低通滤波电路

由于 f 的变化范围很大，作图不方便，工程上常取它的对数来研究。例如，当 f 变化 1000 倍时，$\lg f$ 的变化仅为 3。按工程习惯，令：

$$H = 20\lg h$$

式中，H 的单位为分贝，写作 dB。H 的分贝值与 h 的关系如表 1-9-1 所示。

表 1-9-1　H 的分贝值与 h 的关系

h	1	$\frac{1}{2}$	$\frac{1}{10}$	$\frac{1}{100}$	$\frac{1}{1000}$
H（dB）	0	−6	−20	−40	−60
	$U_o = U_i$	$U_o = \frac{1}{2}U_i$	$U_o = \frac{1}{10}U_i$	$U_o = \frac{1}{100}U_i$	$U_o = \frac{1}{1000}U_i$

低通滤波器的对数幅频特性是：

$$H = 20 \lg h = 20 \lg \frac{1}{\sqrt{1 + \left(\dfrac{f}{f_o}\right)^2}} \qquad (1\text{-}9\text{-}2)$$

（2）在半对数坐标纸上，用 H 作纵坐标，用 f/f_o 作横坐标，画出式（1-9-2）的图形，如图 1-9-2 所示。由曲线可见这个滤波器只允许较低频率的电压通过，是一个最简单的低通滤波器。

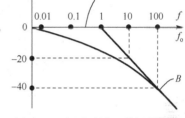

图 1-9-2　低通滤波器的幅频特性

这个图形有一个近似的画法：作水平线 A，到 $f = f_o$（即 $f/f_o = 1$）时，作直线 B，它的斜率为-20dB/十倍频（即 f 每增加 10 倍时，B 线的下降为 20dB）。这样作图的理由可从式（1-9-2）看出：

① 当 $f < f_o$ 时，$H \approx 20 \lg 1 = 0$，即水平线。

② 当 $f > f_o$ 时，$H \approx 20 \lg \dfrac{1}{\sqrt{(f/f_o)^2}} = -20 \lg x$

（其中 $x = f/f_o$），由此可作出直线 B，它的斜率为-20/十倍频，而且通过 $H = 0$、$\dfrac{f}{f_o} = 1$ 的一点。

③ 直线 B 与横轴相交点的频率是 f_o，它是折线拐角处的频率，所以 f_o 称为拐角频率。

④ 为了改善滤波特性，可用二阶 R-C 网络构成如图 1-9-3 所示的电路。在实验中选用两个相同的 R，以便于计算。

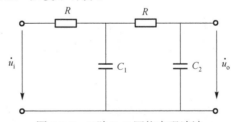

图 1-9-3　二阶 R-C 网络实现滤波

这个电路的幅频特性是：

$$h = \left| \frac{1}{1 + j\omega RC_1 + j2\omega RC_2 + j^2 \omega^2 R^2 C_1 C_2} \right| \qquad (1\text{-}9\text{-}3)$$

经过推导可得：

$$h = \left| \frac{1}{(1 + j\omega RC')(1 + j\omega RC'')} \right|$$

其中

$$C' = \frac{C_1 + 2C_2 + \sqrt{C_1^2 + 4C_2^2}}{2}$$

$$C'' = \frac{C_1 + 2C_2 - \sqrt{C_1^2 + 4C_2^2}}{2}$$

令

$$f' = \frac{1}{2\pi RC'}, \quad f'' = \frac{1}{2\pi RC''}, \quad f' < f''$$

则

$$h = \left| \frac{1}{\left(1 + \mathrm{j}\dfrac{f}{f'}\right)\left(1 + \mathrm{j}\dfrac{f}{f''}\right)} \right|$$

对数幅频特性为：

$$H = 20\lg h = -20\lg \sqrt{\left[1 + \left(\frac{f}{f'}\right)^2\right]\left[1 + \left(\frac{f}{f''}\right)^2\right]}$$

$$= -20\lg \sqrt{1 + \left(\frac{f}{f'}\right)^2} - 20\lg \sqrt{1 + \left(\frac{f}{f''}\right)^2} = H_1 + H_2$$

$$(1\text{-}9\text{-}4)$$

用前面的折线分析方法，很容易画出式（1-9-4）的幅频特性曲线。先分别近似画出代表 H_1、H_2 的两组折线，再将它们相加，即得到近似代表 H 的三段折线，其中 f'、f'' 为拐角频率，如图 1-9-4 所示，实际特性曲线也画在图中。

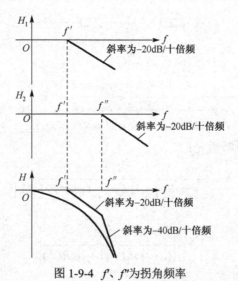

图 1-9-4　f'、f''为拐角频率

这个滤波器的特性在高频部分显然有所改善，因为特性的斜率为-40dB/十倍频，即频率每增加十倍时，衰减不是 20dB，而是 40dB 了。

2. 高通滤波电路

图 1-9-5 所示为一阶无源高通滤波器，该滤波器的幅频特性为：

$$h = \left| \frac{\dot{U}_O}{\dot{U}_i} \right| = \left| \frac{\mathrm{j}\omega RC}{1 + \mathrm{j}\omega RC} \right| = \frac{f/f_0}{\sqrt{1+(f/f_0)^2}} \tag{1-9-5}$$

同样可得到该高通滤波器的对数幅频特性函数：

$$H = 20\lg h = 20\lg \frac{f/f_0}{\sqrt{1+(f/f_0)^2}} \tag{1-9-6}$$

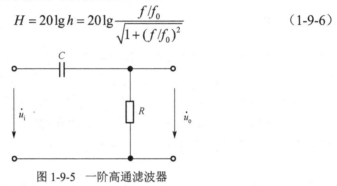

图 1-9-5　一阶高通滤波器

三、预习要求

（1）已知图 1-9-3 所示无源低通滤波器电路的参数是：$R = 10\mathrm{k}\Omega$，$C_1 = 0.15\mu\mathrm{F}$，$C_2 = 0.075\mu\mathrm{F}$，计算拐角频率 f' 及 f''；并在半对数坐标纸上，以 f/f_1 为横坐标、H 为纵坐标（见图 1-9-4）画出此滤波器的折线特性。画图时，取 $f_1 = 150\mathrm{Hz}$，以便于与有源低通滤波器的特性相比较。以后该滤波器的实验结果也画在这张图上。

（2）拟出测量以上电路的对数幅频特性的记录表格。给定 $f/f_1 = 0.02$，0.05，0.1，0.2，0.5，1.0，2.0，5.0，10.0，20.0。

（3）根据图 1-9-3 所示的电路频率特性参数，如果图 1-9-1 所示的电路具有与图 1-9-3 有近似的频率特性，设计图 1-9-1 所示电路的元件参数。

四、实验内容

（1）测量图 1-9-3 所示电路的对数幅频特性，各电路的参数见预习任务。

（2）图 1-9-5 所示电路中的元件参数取预习要求（1）中所设计的对应图 1-9-1 电路中的元件参数，测量此条件下图 1-9-5 电路的对数幅频特性。

（3）利用 RC 电路设计中心频率为 1000Hz，频带宽度为 500Hz 的带通滤波器并进行仿真测试。自己设计数据记录表格并记录测试结果。

（4）利用 RC 电路设计中心频率为 50Hz、阻带宽度为 20Hz 的带阻滤波器并进行仿真测试。自己设计数据记录表格并记录测试结果。

五、仪器设备

（1）功率信号发生器；
（2）交流毫伏表；
（3）电路分析实验箱。

六、思考题

（1）在 RC 低通滤波电路中，增大 R 或增大 C 的参数数值都可以减小滤波器幅频特性的通频带宽，增大 R 和增大 C 的参数对电路的其他特性有什么影响？

（2）图 1-9-1 与图 1-9-3 中电路的相频特性有什么区别？为什么？

（3）利用图 1-9-1 和图 1-9-5 设计带阻滤波器时，低通和高通环节分别位于前置位置时，对带阻滤波器特性有什么影响？

实验十　双口网络参数的研究

一、实验目的

（1）学习测定无源线性二端口网络的参数；
（2）研究不同双口网络的性能及其等效电路；
（3）了解二端口网络特性及输入、输出电阻。

二、实验原理

（1）对于无源线性二端口（见图 1-10-1），可以用网络参数来表征它的特征，这些参数只取决于二端口网络内部的元件和结构，而与输入（激励）无关。网络参数确定后，两个端口处的电压、电流关系即网络的特征方程就唯一的确定了。

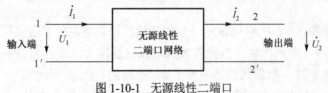

图 1-10-1　无源线性二端口

（2）若将二端口网络的输出电压 $\dot{U}_2$ 和电流 $\dot{I}_2$ 作为自变量，输入端电压 $\dot{U}_1$ 和电流 $\dot{I}_1$ 作为因变量，则有方程：

$$\dot{U}_1 = A_{11}\dot{U}_2 + A_{12}(-\dot{I}_2)$$

$$\dot{I}_1 = A_{21}\dot{U}_2 + A_{22}(-\dot{I}_2)$$

式中，A_{11}、A_{12}、A_{21}、A_{22} 称为传输参数，分别表示为：

$$A_{11} = \left.\frac{\dot{U}_1}{\dot{U}_2}\right|_{\dot{I}_2=0}$$

A_{11} 是输出端开路时两个电压的比值，是一个无量纲的量。

$$A_{21} = \left.\frac{\dot{I}_1}{\dot{U}_2}\right|_{\dot{I}_2=0}$$

A_{21} 是输出端开路时开路转移导纳：

$$A_{12} = \left.\frac{\dot{U}_1}{-\dot{I}_2}\right|_{\dot{U}_2=0}$$

A_{12} 是输出端短路时短路转移阻抗：

$$A_{22} = \left.\frac{\dot{I}_1}{-\dot{I}_2}\right|_{\dot{U}_2=0}$$

A_{22} 是输出端短路时两个电流的比值，是一个无量纲的量。

可见，A 参数可以用实验的方法求得。当二端口网络为互易网络时，有：

$$A_{11}A_{22} - A_{12}A_{21} = 1$$

因此，四个参数中只有三个是独立的。如果是对称的二端口网络，则有：

$$A_{11} = A_{22}$$

（3）无源二端口网络的外特性可以用三个阻抗（或导纳）元件组成的 T 形或 π 形等效电路来代替，其 T 形等效电路如图 1-10-2 所示。若已知网络的 A 参数，则阻抗 R_1、R_2、R_3 分别为：

$$R_1 = \frac{A_{11}-1}{A_{21}}$$

$$R_2 = \frac{A_{22}-1}{A_{21}}$$

$$R_3 = \frac{1}{A_{21}}$$

因此，求出二端口网络的 A 参数之后，网络的 T 形（或 π 形）等效电路的参数也就可以求得了。

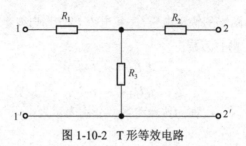

图 1-10-2　T 形等效电路

（4）由二端口网络的基本方程可以看出，如果在输出端 1-1′接电源，而输出端 2-2′处于开路和短路两种状态时，分别测出 $\dot{U}_{10}$、$\dot{U}_{20}$、$\dot{I}_{10}$、$\dot{U}_{1S}$、$\dot{I}_{1S}$、$\dot{I}_{2S}$，就可以得出上述四个参数。但这种方法实验测试时需要在网络两端，即输入端和输出端同时进行电压和电流测量，这在某种实际情况下是不方便的。

在一般情况下，我们常用在二端口网络的输入端及输出端分别进行测量的方法来测定这四个参数，把二端口网络的 1-1′端接电源，在 2-2′端开路与短路的情况下，分别得到开路阻抗和短路阻抗。

$$R_{01} = \left.\frac{\dot{U}_{10}}{\dot{I}_{10}}\right|_{\dot{I}_2=0} = \frac{A_{11}}{A_{21}}, \quad R_{S1} = \left.\frac{\dot{U}_{1S}}{\dot{I}_{1S}}\right|_{\dot{U}_2=0} = \frac{A_{12}}{A_{22}}$$

再将电源接至 2-2′端，在 1-1′端开路和短路的情况下，又可得到：

$$R_{02} = \left.\frac{\dot{U}_{20}}{\dot{I}_{20}}\right|_{\dot{I}_1=0} = \frac{A_{22}}{A_{21}}, \quad R_{S2} = \left.\frac{\dot{U}_{2S}}{\dot{I}_{2S}}\right|_{\dot{U}_1=0} = \frac{A_{12}}{A_{11}}$$

同时由以上四式可见：

$$\frac{R_{01}}{R_{02}} = \frac{R_{S1}}{R_{S2}} = \frac{A_{11}}{A_{22}}$$

因此，R_{01}、R_{02}、R_{S1}、R_{S2} 中只有三个独立变量，如果是对称二端口网络就只有两个独立变量，此时：

$$R_{01} = R_{02}, \quad R_{S1} = R_{S2}$$

如果由实验已经求得开路和短路阻抗则可以很方便地算出二端口网络的 A 参数。

三、实验内容

（1）按图 1-10-3 所示电路接线。

$R_1 = 100\Omega$，$R_2 = R_5 = 300\Omega$，$R_3 = R_4 = 200\Omega$，1-1′处电压为 10V。将端口 2-2′处开路，测量 U_{20}、I_{20}；将 2-2′处短路，测量 $\dot{I}_{1S}$、$\dot{I}_{2S}$，并将结果填入表 1-10-1 中。

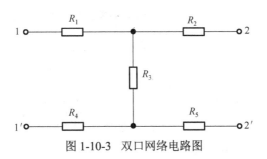

图 1-10-3　双口网络电路图

表 1-10-1　测量数据表

2-2'开路	$\dot{U}_{20}$	$\dot{I}_{20}$
$\dot{I}_2 = 0$		
2-2'短路	$\dot{I}_{1S}$	$\dot{I}_{2S}$
$\dot{U}_2 = 0$		

（2）计算出 A_{11}、A_{12}、A_{21}、A_{22}。

$$A_{11} = \frac{\dot{U}_{10}}{\dot{U}_{20}}\bigg|_{\dot{I}_2=0}, \qquad A_{21} = \frac{\dot{I}_{10}}{\dot{U}_{20}}\bigg|_{\dot{I}_2=0}$$

$$A_{12} = \frac{\dot{U}_{1S}}{-\dot{I}_{2S}}\bigg|_{\dot{U}_2=0}, \qquad A_{22} = \frac{\dot{I}_{1S}}{-\dot{I}_{2S}}\bigg|_{\dot{U}_2=0}$$

验证：$A_{11}A_{22} - A_{12}A_{21} = 1$。

（3）计算 T 形等值电路中的电阻 R_1、R_2、R_3，并组成 T 形等值电路，如图 1-10-4 所示。

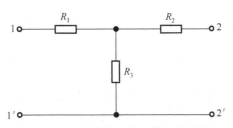

图 1-10-4　T 形等值电路中的电阻测量图

在 1-1'处加入 $U_1 = 10\text{V}$，分别将端口 2-2'处开路和短路，测量，并将结果填入表 1-10-2 中。

$$r_1 = \frac{A_{11} - 1}{A_{21}}, \qquad r_2 = \frac{A_{22} - 1}{A_{21}}, \qquad r_3 = \frac{1}{A_{21}}$$

表 1-10-2　T 形电阻电路测量记录表

2-2'开路	$\dot{U}_{20}$	$\dot{I}_{20}$
$\dot{I}_2 = 0$		
2-2'短路	$\dot{I}_{1S}$	$\dot{I}_{2S}$
$\dot{U}_2 = 0$		

比较两个表中的数据，验证电路的等效性。

四、实验仪器与设备

（1）电路分析实验箱；

（2）数字万用表。

五、实验注意事项

（1）在接通电源进行测量之前，应该将稳压电源的电压置零，然后缓慢升压，同时用电压表监视，保持输入端口电压值为 10V。注意直流电压表及电流表的量程。

（2）注意电流表的极性，在端口 1-1'或端口 2-2'接电压源的时候，它们各自的电流方向是不同的，一个为流入端口，另一个为流出端口。

（3）本实验中，计算传输参数时，U、I 均取正值。实验各步骤中出现的误差会对结果有影响，故应尽量减少误差以求准确。

六、思考题

（1）双口网络的参数与外接电压或流过网络的电流是否有关？

（2）本实验的测量方法可否用于交流双口网络参数的测定？为什么？

实验十一　电阻式温度计设计

一、实验目的

（1）熟悉电桥电路的应用；

（2）了解半导体热敏电阻的主要特性；

（3）练习在给定任务下，自行计算元件参数，并进行安装及调试。

二、预习要求

（1）根据"实验内容"中给定的任务和条件，确定电路，计算元件值，列出所需仪器设备。

（2）根据给定的电路和实验注意事项（2）中给定的数据，将 0～100μA 的电流表表盘改成指示 0～100℃ 的温度计表盘。

三、实验内容

试制作一个电阻温度计，用以测量 0～100℃ 的温度，测量元件采用热敏电阻 R501，温度指示用 100μA 电流表（内阻按 800Ω 计算）。电源电压为 1.5V。在确定电路和元件数值后，自行安装电阻温度计电路，根据计算结果在电流表上确定相应的温度刻度，最后进行实验校验。

四、实验仪器与设备

学生自选仪器设备。

五、实验注意事项

（1）电流表内阻是略小于 800Ω 的，为了计算方便，可选用整数，它可以通过与电流表串联的电位器来调节。

（2）热敏电阻的标称值是 $t = 25℃$ 时的电阻值，标称值是 1kΩ 的热敏电阻 R501 在不同温度时的电阻值，如表 1-11-1 所示。

表 1-11-1　不同温度时的阻值

t（℃）	0	10	20	30	40	50	60	70	80	90	100
R（Ω）	3000	1850	1180	800	550	350	240	180	140	110	80

实验十二　最大功率传输定律的研究

一、实验目的

（1）学习综合性试验电路设计思想和方法，能自行设计实验测试方案，并合理选择仪表；

（2）了解并掌握测量有源单口网络等有效参数的方法；

（3）研究最大功率传递定律适用范围。

二、预习要求

（1）复习戴维南定理、诺顿定理、最大功率传递定理的相关知识。

（2）查找相关资料，设计测试有源单口网络伏安特性及功率传输特性的方案、数据记录表格，并进行相应的仿真研究、测试。

（3）选择合适的仪器仪表及其量程。

三、实验原理

1）戴维南定理

线性有源二端口网络可以用一个理想电压源 u_{oc} 与一个等效电阻 R_o 串联的等效电路来代替。

其中，实验室测量等效电阻 R_o 的方法有两种。

方法一：独立源置零后直接用万用表电阻挡测出等效电阻。

方法二：开路短路法。用 $R_o = u_{oc}/i_{sc}$ 关系式计算等效电阻，即测出该网络的开路电压 u_{oc} 和短路电流 i_{sc}，代入式子计算即可。

2）最大功率传输定理

线性有源二端口网络的端口外接负载电阻 R_L，当负载 $R_L = R_o$（等效电阻）时，负载电阻可从网络中获得最大功率，且最大功率 $P_{omax} = \dfrac{u_{oc}^2}{4R_o}$，此时网络内电源功率效率 $\eta = \dfrac{P_{omax}}{P_u} = 50\%$。

四、实验内容

有源线性单端口网络如图 1-12-1 所示，其输出端接负载 Z_L，网络内信号源 U_s 既可为直流信号又可为交流信号。

（1）研究该单口网络在 U_s 为直流、负载 Z 为纯电阻、开关 SA1 闭合时，单口网络的伏安特性。

（2）选择合适的信号源 U_s 频率及幅值，研究图 1-12-1 所示单口网络在交流信号作用下，开关 SA1，SA2，SA3 分别关闭时，外接负载阻抗需要满足什么条件，可从该单端口网络获取最大的功率（或该单端口网络可向外接负载传递最大的功率）。

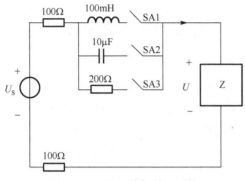

图 1-12-1 有源线性单口网络

（3）在电路达到最大功率输出时，测量下列两种功率转换效率：

① 对单口网络端钮而言；

② 对电源 U_s 而言。

五、实验仪器与设备

（1）电路分析实验箱；

（2）信号源；

（3）交流毫伏表；

（4）万用表。

六、实验注意事项

（1）设计时应注意测量仪表量程的选择。

（2）需要仔细选择信号源的频率和幅值，以使单口网络输出最大功率时，电路中各点电压及电流不超过各仪表的量程和电感、电容、负载阻抗的最大允许值。

（3）测量时，应注意参考方向的设定问题。

（4）EWB 仿真时函数信号发生器输出的电压值设置为有效值电压。

七、思考题

（1）如何利用仪表测量电路中的有功功率？

（2）分析实验中得到的 P_{max} 和网络内电源功率效率的变化与电路内阻变化之间的关系，讨论最大功率传输定理的条件及适用范围。

实验十三　RLC 串联电路的幅频特性和谐振

一、实验目的

（1）研究 RLC 串联电路的幅频特性（也就是谐振曲线）；
（2）研究串联谐振现象及电路参数对谐振特性的影响。

二、实验原理

电路中，频率的改变会引起电抗的改变，从而引起阻抗的改变。如果维持电源电压不变，则电路电流的大小会随频率而改变。

在 RLC 串联电路中，阻抗值是：

$$Z = Z\angle\varphi = R + j\left(\omega L - \frac{1}{\omega C}\right)$$

$$I = \frac{U}{Z} = \frac{U}{\sqrt{R^2 + \left(\omega L - \frac{1}{\omega C}\right)^2}}$$

由此看出，电流的大小随频率的改变而改变。

而且在某一频率下，当 $X_L = X_C$，即 $\omega L - \frac{1}{\omega C} = 0$ 时，电流最大。这一现象叫作"谐振"，此时的频率叫作"谐振频率"。

$$\omega = \frac{1}{\sqrt{LC}}, \quad f_0 = \frac{1}{2\pi\sqrt{LC}}$$

图 1-13-1 是测量幅频特性的实验电路。信号发生器输出正弦电压，频率可在 20Hz～20kHz 范围内变化。

图 1-13-2 是两个不同电路参数的谐振曲线。例如，两者的电容 C 不同：C'' 小，f_0'' 便大；C' 大，f_0' 便小。

从选择性来看，要求 $I(f)$ 越尖越好，换句话说，在谐振频率附近，阻抗要灵敏地随频率而变化，

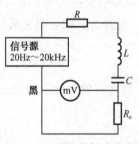

图 1-13-1　幅频特性的实验电路

一般常用品质因数 Q（谐振时电感电压 U_L 或电容电压 U_C 与电源电压之比）来表示选择性的好坏（见图 1-13-3）。

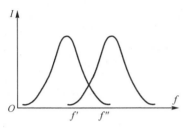

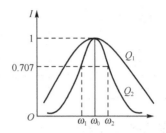

图 1-13-2　两个不同电路参数谐振曲线　　　　　　图 1-13-3　不同品质因数 Q 谐振曲线

$$Q = \frac{U_C}{U} = \frac{\omega_0 L}{R} (或 Q = \frac{U_L}{U} = \frac{\sqrt{\dfrac{L}{C}}}{R})$$

谐振时，电路中 L 或 C 上的电压相等，并为电源电压的 Q 倍，故串联谐振又称"电压谐振"。

三、实验内容

（1）电路见图 1-13-1，测量 RLC 串联电路的幅频特性 $I(f)$，并测出谐振频率 f_0。

电路参数：$L=100\text{mH}$，$C=0.5\mu\text{F}$，$R=0$。

信号源波形为正弦波，在测量过程中电压始终保持 1V 不变。

具体方法：采用电阻取样法测定回路电流，取样电阻采用 $R_0=10\Omega$。调整信号源频率，取样电阻两端接的交流毫伏表指示值（U_0）最大时，调整信号源幅度，使 $U_s=1\text{V}$，重新调整频率使电流 $I=U_0/R_0$ 最大，此时 f 即为谐振频率 f_0，电流 I 为谐振电流 I_0。

计算 $I = \dfrac{1}{\sqrt{2}} I_0$ 值，并测定该值所对应的 f 值通频带，即为 $\Delta f = |f_0 - f_1|$，在曲线的两侧再测定两点，即可绘制 $I(f)$ 的曲线。将数据记录在表 1-13-1 中。

（2）改变电阻 $R=100\Omega$，重复（1）。

（3）改变 $L=200\text{mH}$，重复（1）。

（4）Q 值的测定，用毫伏表测 L（或 C）上两端的谐振时的电压，此值即 Q 值；用数字万用表电阻挡测 L 的直流电阻 $r(R_0=R+r)$ 带入上面的公式，看它们的 Q 值误差有多大。

表 1-13-1   不同参数电路的通频带测量及品质因数测量

频率 f	f_3	f_1	f_0	f_2	f_4
电流 I（mA）	0.5	0.707	1	0.707	0.5
$f(R=0)$					
$f(R=100)$					
$f(L=200\text{mH})$					

四、实验仪器与设备

（1）电工实验箱；

（2）数字万用表；

（3）示波器；

（4）函数信号发生器。

五、思考题

（1）用哪些实验方法可以判断电路处于谐振状态？

（2）实验中，当 R、L、C 串联电路发生谐振时，是否有 $U_\text{C} = U_\text{L}$ 及 $U_\text{R} = U_\text{S}$？若关系不成立，试分析其原因。

第2章　模拟电子技术实验

实验一　常用电子仪器使用练习

一、实验目的

（1）掌握常用电子仪器的基本功能并学习其正确使用方法；

（2）学习并掌握用数字示波器观察和测量波形的幅值、频率及相位的方法。

二、预习要求

上网查阅有关仪器设备说明。

三、实验原理

在模拟电子电路实验中，经常使用的仪器有示波器、函数信号发生器、毫伏表、万用表等。利用这些仪器可以对模拟电子电路的静态和动态工作情况进行测试。

（1）示波器是用于观察各种电信号的波形并测量电压的幅值、频率和相位等综合参数的测量仪器。

（2）函数信号发生器是能产生多种波形的信号发生器，用于给被测电路提供所需波形、幅值和频率的测量信号。

（3）毫伏表是用于测量正弦交流信号电压大小的电压表，其读数为被测电压的有效值。

（4）数字万用表可用于测量交直流电压、电流，也可测量电阻、电容和半导体的一些参数等。

（5）TPE－ADII 电子技术学习机，不但可以完成《模拟电子技术基础》、《数字电子技术基础》课程要求的基本实验，还具有模拟/数字综合实验及实用电路的开发实验、元器件测试等多种功能。该学习机主要由电源、信号源、电位器组、线路区等几部分组成。电源及信号源电路如图 2-1-1 和图 2-1-2 所示，线路区电路如图 2-1-3 和图 2-1-4 所示，学习机面板图如图 2-1-5 所示。

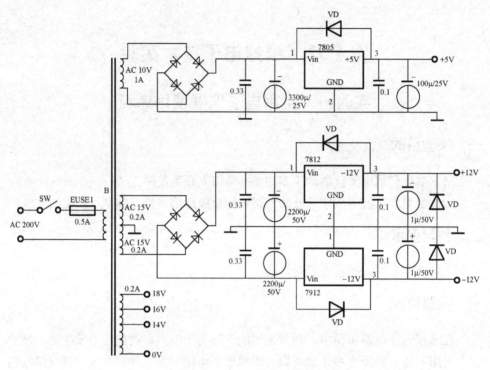

图 2-1-1　直流电源原理图

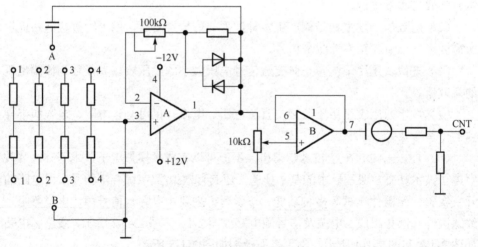

图 2-1-2　信号源电路

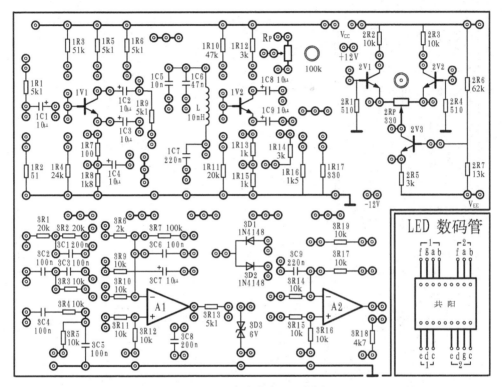

图 2-1-3　实验线路区示意图

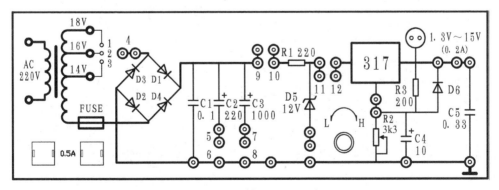

图 2-1-4　电源实验线路区示意图

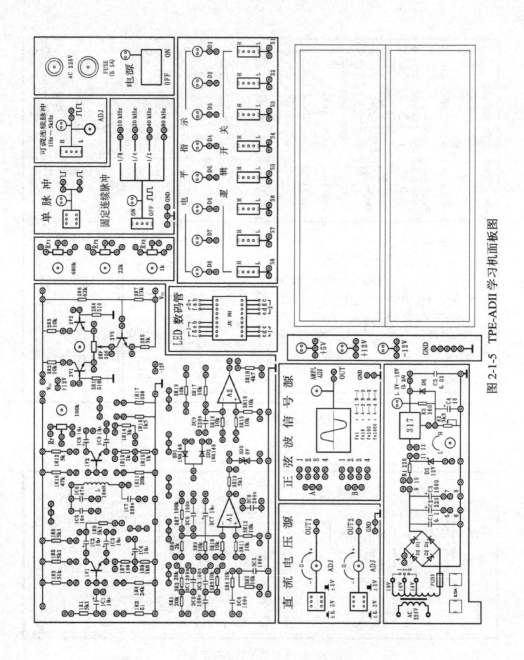

图 2-1-5　TPE-ADII 学习机面板图

四、实验内容

1. 信号源和毫伏表的使用练习

熟悉信号源面板上各操作按钮的名称及功能。将信号源与示波器正确连接起来，调节信号源幅度旋钮，使其输出有效值为 5V 的正弦信号电压，并保持毫伏表指示为 5V，改变信号源输入信号的频率，用万用表、毫伏表测量相应的电压值，填入表 2-1-1 中，并比较。

表 2-1-1　毫伏表、万用表使用练习

信号源输入频率（Hz）	50	100	1k	20k	50k	100k	150k	200k	300k	500k	1M
毫伏表读数（V）	5										
手持万用表读数（V）											
DM3051 万用表读数（V）											

2. 示波器的使用练习

熟悉示波器面板上各旋钮的名称及功能，掌握正确使用时各旋钮应处的位置。接通电源，检查示波器的亮度、聚焦、位移各旋钮的作用是否正常，按下列内容依次对示波器进行操作并填写对应表格内容。

1）用示波器测量电压、周期和频率

（1）测量电压峰峰值。接入被测信号，读出屏幕上对应信源的伏/格（V/div）的读数和屏幕上被测波形的峰-峰值格数 N，则被测信号的幅值 $V_{P-P} = N \times$（V/div）。注意探头衰减应放在 1∶1，如放在 1∶10，则被测值还需乘以 10。

（2）测量周期、频率。接入被测信号，读出屏幕上的秒/格（t/div）的读数和一个完整周期的格数 M，则被测信号的周期 $T = M \times$（t/div），$f = 1/T$。

将信号源、毫伏表和示波器正确连接起来。调节信号发生器使其分别输出 100Hz、0.5V，1kHz、1V 和 3kHz、0.3V 三种不同频率和幅度的正弦信号，并测定表 2-1-2 规定的内容。

2）用示波器测量相位差

按图 2-1-6 连接实验电路，经 RC 移相网络获得频率相同但相位不同的两路信号 U_i 或 U_R，分别加到双踪示波器的 YA 和 YB 输入端。按自动设置按钮，使在荧屏上显示出易于观察的两个相位不同的正弦波形 U_i 及 U_R，如图 2-1-7 所示。将两

波形在水平方向差距 X 及信号周期 X_T 记入表 2-1-3 中，则可求得两波形相位差

$$\theta = \frac{X}{X_T} \times 360°。$$

表 2-1-2　示波器使用练习

信号源 输出频率	毫伏表 读数 （V）	示波器测量值							
		伏/格 （V/div）	秒/格 （t/div）	高度格数 （峰峰）	长度格数 （一周期）	峰峰值 （V）	有效值 （V）	周期 T（s）	频率 f （Hz）
100Hz	0.5								
1kHz	1								
3kHz	0.3								

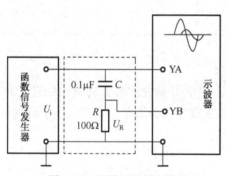

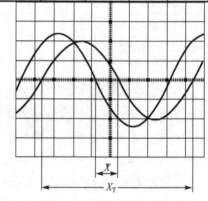

图 2-1-6　测量相位差电路图　　　　　　　　图 2-1-7　示波器波形示意图

表 2-1-3　示波器相位差

一周期格数	两波形 X 轴差距格数	相　位　差	
		实　测　值	计　算　值
$X_T=$	$X=$	$\theta=$	$\theta=$

3）用光标菜单测校正信号（$V_{P\text{-}P}$、T、f）

　　用示波器自带校准信号（方波 $f=1\text{kHz}$，电压幅值 3V）作为被测信号，用示波器任意通道显示此波形，练习使用光标菜单，读出其幅值及周期和频率，记入表 2-1-4 中。

表 2-1-4　示波器光标菜单使用练习

参　　数	标　准　值	实　测　值
幅值 V_{P-P}（V）	3V	
周期 T（ms）	1ms	
频率 f（kHz）	1kHz	

4）用测量菜单测量校正信号（上升时间、$V_{有效值}$、V_{P-P}、T，f）

用示波器自带校准信号（方波 f = 1kHz，电压幅值 3V）作为被测信号，用示波器任意通道显示此波形，练习使用测量菜单，读出其上升时间、V_{P-P} 和 $V_{有效值}$ 等数值，记入表 2-1-5 中。

表 2-1-5　示波器测量菜单使用练习

参数	上升时间	下降时间	V_{P-P}	$V_{有效值}$	T	f
数值						

五、实验仪器与设备

（1）示波器；

（2）函数信号发生器；

（3）交流毫伏表；

（4）台式万用表；

（5）TPE-ADII 电子技术学习机。

六、实验报告要求

（1）记录原始数据、波形及现象。

（2）整理实验数据，按实验内容填入各表格中。

（3）根据实验结果，分析得出实验结论。

（4）实验体会。重点报告实验过程中的体会及收获了哪些知识。

七、思考题

（1）如何操纵示波器有关旋钮，以便从示波器显示屏上观察到稳定、清晰的波形？

（2）信号发生器有哪几种输出波形？

（3）交流毫伏表用来测量正弦波电压还是非正弦波电压？它的表头指示值是被测信号的什么数值？它是否可以用来测量直流电压的大小？

实验二　晶体管共发射极放大电路

一、实验目的

（1）掌握放大电路静态工作点的测量和调试方法；

（2）掌握放大电路交流放大倍数、输入电阻、输出电阻和通频带的测量方法；

（3）研究静态工作点对输出波形的影响和负载对放大倍数的影响。

二、预习要求

（1）复习单级放大电路内容，熟悉基本工作原理及性能参数的理论计算。

（2）根据实验电路图估算其静态工作点、电压放大倍数 A_u、输入电阻 R_i 及输出电阻 R_o，晶体管 $\beta = 100$。

三、实验原理

单级共射放大电路是三种基本放大电路组态之一。基本放大电路处于线性工作状态的必要条件是设置合适的静态工作点 Q，工作点的设置直接影响放大器的性能。若 Q 点选得太高会引起饱和失真；若选得太低会产生截止失真。放大器的动态技术指标是在有合适的静态工作点时，保证放大电路处于线性工作状态下测试的。共射放大电路具有电压增益大、输入电阻较小、输出电阻较大、带负载能力强等特点。本实验采用基区分压式偏置电路，具有自动调节静态工作点的能力，所以当环境温度变化或更换管子时，Q 点能够基本保持不变，其主要技术指标电压放大倍数 A_u，反映了放大电路在输入信号控制下，将供电电源能量转换为信号能量的能力；输入电阻 R_i 的大小决定了放大电路从信号源吸取信号幅值的大小；输出电阻 R_o 的大小反映了放大电路的带负载能力；通频带 BW，其越宽说明放大电路可正常工作的频率范围越大。各指标的表达式如下。

电压放大倍数：

$$A_u = \frac{-\beta(R_c \parallel R_L)}{r_{be} + (1+\beta)R_e}$$

输入电阻：

$$R_i = R_{b1} \parallel R_{b2} \parallel [r_{be} + (1+\beta)R_e]$$

输出电阻：

$$R_o \approx R_c$$

通频带：

$$BW = f_H - f_L$$

实验电路图如图 2-2-1 所示。

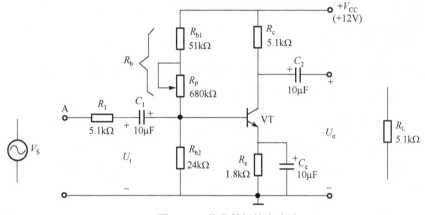

图 2-2-1 共发射极放大电路

1. 静态工作点测试原理

为了获得最大不失真输出电压，静态工作点应选在输出特性曲线上交流负载线的中点。若工作点选得太高，易引起饱和失真；而选得太低，又易引起截止失真，如图 2-2-2 所示。

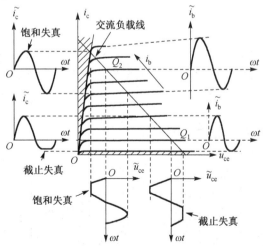

图 2-2-2 静态工作点设置不当引起的失真波形

实验中，如果测得 $V_{CEQ}<0.5V$，说明三极管已饱和；如果测得 $V_{CEQ}{\approx}V_{CC}$，则说明三极管已截止。对于线性放大电路，这两种工作点都是不可取的，必须进行参数调整。一般情况下，调整静态工作点，就是调整电路的电阻 R_b。R_b 调小，工作点升高；R_b 调大，工作点降低，从而使 V_{CEQ} 达到合适的值。由于放大电路中晶体管特性的非线性或不均匀性会造成非线性失真，为了降低这种非线性失真，对输入信号幅值要有一定的限制，不能太大。

2. 动态指标测试原理

放大电路的动态指标包括电压放大倍数、输入电阻、输出电阻及通频带等。

1）电压放大倍数 A_u 测量原理

电压放大倍数的测量实质上是对输入电压 u_i 与输出电压 u_o 的有效值 U_i 和 U_o 的测量。在实际测量时，应注意在被测波形不失真和测试仪表的频率范围符合要求的条件下进行。将所测出的 U_i 和 U_o 值代入下式，则得到电压放大倍数为：

$$A_u = \frac{U_o}{U_i}$$

放大倍数 A_u 是信号频率的函数，通常测得的是放大电路在中频段（$f = 1kHz$）的电压放大倍数，即中频电压增益。

2）输入电阻、输出电阻测量原理

放大器的输入电阻 R_i 是向放大器输入端看进去的等效电阻，定义为输入电压 U_i 和输入电流 I_i 之比，即：

$$R_i = \frac{U_i}{I_i}$$

测量 R_i 的方法很多，本实验采用换算法测量 R_i，测量电路如图 2-2-3 所示。在信号源与放大器之间串联一个已知电阻 R，只要分别测出 U_s 和 U_i，则输入电阻为：

$$R_i = \frac{U_i}{I_i} = \frac{U_i}{\dfrac{U_R}{R}} = \frac{U_i}{U_s - U_i} R$$

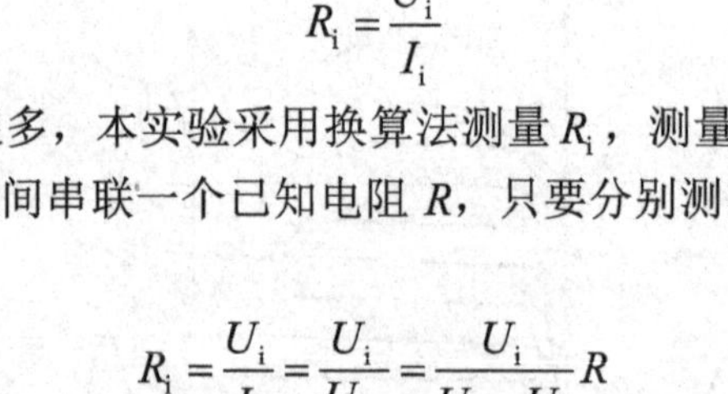

图 2-2-3　换算法测量 R_i 的原理图

放大器的输出电阻是将输入电压源短路时从输出端向放大器看进去的等效内阻。和测量 R_i 一样，仍用换算法测量 R_o，测量电路如图 2-2-4 所示。

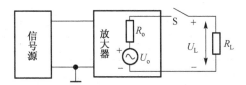

图 2-2-4 换算法测量 R_o 的原理图

在放大器输入端加入一个固定信号电压，分别测量负载 R_L 断开和接上时输出电压 U_o、U_L，就可按下式求得输出电阻：

$$R_o = \left(\frac{U_o}{U_L} - 1 \right) R_L$$

3）通频带的测量原理

频率响应的测量实质上是对不同频率时放大倍数的测量，一般用逐点法进行测量。在保持输入信号幅值不变的情况下，改变输入信号的频率，逐点测量对应于不同频率时的电压增益，在对数坐标纸上画出各频率点的输出电压值并连成曲线，即为放大电路的频率响应曲线。

通常将放大倍数下降到中频电压放大倍数的 0.707 时，所对应的频率定义为放大电路上、下截止频率，分别用 f_H 和 f_L 表示，则放大电路的通频带为：

$$BW = f_H - f_L$$

四、实验内容

1．静态测量与调整

（1）用万用表判断实验箱上三极管的极性和好坏。

（2）按图 2-2-1 连接电路（注意：关断电源后再连线），将 R_P 的阻值调到最大位置。

（3）接线完毕仔细检查，确定无误后接通电源。改变 R_P，使 $I_c \approx 1.2\text{mA}$，此时静态工作点选在交流负载线的中点。用万用表的直流电压挡测量出此时放大电路的静态工作点，将结果填入表 2-2-1 中。

表 2-2-1　静态工作点测量数据

实　测			实 测 计 算	
V_C（V）	V_B（V）	V_E（V）	V_{CE}（V）	V_{BE}（mV）

2．动态指标测量

（1）按图 2-2-1 所示电路接线，负载电阻取 5.1kΩ。

（2）将信号发生器的输出信号频率调到 $f = 1$kHz，接到放大电路的输入端，调节信号源电压 U_s 的大小，使放大电路的输入电压 U_i=5mV。用示波器观察 U_i 和 U_o 端波形，并比较相位。

（3）用毫伏表分别测量不接负载 R_L 时的输出电压 U_o 和接入 R_L 时输出电压 U_L 值，并填入表 2-2-2 中。计算 $A_{uo} = U_o/U_i$ 和 $A_{uL} = U_L/U_i$。

表 2-2-2　电压放大倍数测量数据

实　测				实 测 计 算	
U_s（mV）	U_i（mV）	U_o（V）	U_L（V）	A_{uo}	A_{uL}

（4）计算输出电阻：

$$R_o = \left(\frac{U_o}{U_L} - 1 \right) R_L$$

用毫伏表测量输入端信号 U_s，计算输入电阻：

$$R_i = \frac{U_i}{U_s - U_i} R$$

然后将结果填入表 2-2-3 中。

表 2-2-3　输入电阻、输出电阻

输入电阻 R_i	输出电阻 R_o

（5）通频带的测量。

保持输入信号 U_i=5mV 不变，改变输入信号的频率，使输出电压下降到 $U_L' = 0.707U_L$，可读出信号源对应的两个频率，分别为下限截止频率 f_L 和上限截

止频率 f_H，并求出通频带宽 BW，将数据填入表 2-2-4 中。

表 2-2-4　通频带测量数据

U_L / f	$U'_L = 0.707 U_L$	$BW = f_H - f_L$
f_L		
f_H		

3. 观察由于静态工作点选择不合理而引起输出波形的失真

调节 U_s，使 $U_i = 20mV$ 左右。这时，输出信号应为不失真的正弦波。

（1）将 R_p 的阻值增至最大，观察输出波形是否出现截止失真，在表 2-2-5 中描述此时的波形（若波形失真不够明显，可适当加大 U_s）。

（2）将 R_p 的阻值减小，观察输出波形是否出现饱和失真，在表 2-2-5 中描述此时的波形。

表 2-2-5　输出失真波形图

工 作 状 态	输 出 波 形
饱和	
截止	

五、实验仪器与设备

（1）模拟电路实验箱；

（2）示波器；

（3）信号发生器；

（4）万用表；

（5）交流毫伏表。

六、实验报告要求

（1）原始记录（数据、波形、现象）。

（2）画出实验电路，简述所做实验内容及结果。

（3）整理实验数据，按内容要求填入各表格中，并与理论估算值比较。

（4）根据实验结果，讨论静态工作点变化对放大器性能的影响。

（5）实验体会。重点报告实验中体会较深、收获较大的一两个问题（如果实验中出现故障，应将分析故障、查找原因，作为重点报告内容）。

七、思考题

（1）不用示波器观察输出波形，仅用晶体管毫伏表测量所得出的放大电路的输出电压值 U_0，是否有意义？

（2）在图 2-2-1 所示的电路中，上偏置电阻 R_{b1} 起什么作用？既然有了 R_P，去掉该电阻可否？为什么？

（3）改变静态工作点，对放大电路有何影响？

实验三   共集电极放大电路（射极跟随器）

一、实验目的

（1）掌握射极跟随器的工作原理、性能和热点；

（2）熟练掌握射极跟随器主要技术指标的测试方法。

二、预习要求

（1）复习放大电路静态工作点的估算方法。

（2）复习共集电极放大电路动态指标的计算方法。

（3）复习共集电极放大电路的特点及应用场合。

三、实验原理

射极跟随器是一个电压串联负反馈放大电路，它具有输入电阻高、输出电阻低、输出电压能够在较大范围内跟随输入电压作线性变化及输入/输出信号相同（电压放大倍数近似等于 1）等特点。

射极跟随器的输出取自发射极，故也称其为射极输出器。射极跟随器没有电压放大作用，但它具有一定的电流和功率放大作用。射极跟随器在电子线路中应用十分广泛，在多级放大电路中，它可用于输入级，提高输入电阻，减少对信号源的影响；它可用于中间级，实现阻抗变换；它可用于输出级，降低输出电阻，提高带负载的能力。

输入电阻： $\qquad R_i = R_b // [r_{be} + (1+\beta)R_L']$, $\qquad R_L' = R_L // R_e$

输出电阻： $\qquad R_o = R_e // \dfrac{R_s' + r_{be}}{1+\beta}$, $\qquad R_s' = R_s // R_b$

电压放大倍数：

$$\dot{A}_v = \frac{(1+\beta)R_L'}{r_{be} + (1+\beta)R_L'} \approx 1$$

为了加大输入电阻，同时降低输出电阻，电路中应选用 β 值较大的晶体管，且偏置电阻 R_b 应尽可能大，而 R_e 不能太小，使工作电流 I_e 较大为好。

电压跟随范围指跟随器输出电压随输入电压作线性变化的区域。在图 2-3-1 所示的晶体管输出特性曲线上，如果把静态工作点 Q 取在交流负载线的中点，电压 U_{ce} 可有最大不失真的动态范围，此时输出电压 U_o 的跟随范围可达最大值。

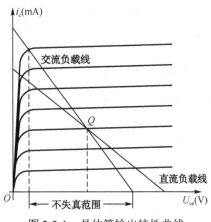

图 2-3-1　晶体管输出特性曲线

由以上公式可知，由于一般有 $(1+\beta)(R_e\|R_L) \gg r_{be}$ ，所以 $A_u \approx 1$ ，由于 $i_e \gg i_b$ 因而仍有功率放大作用。输入电阻比共射放大电路大得多， r_i' 可达几十千欧到几百千欧；输出电阻很小 R_o 可达到几十欧姆。因而此电路从信号源索取电流小且带负载能力强，所以常用于多级放大电路的输入输出极，也常作为连接缓冲作用。

四、实验内容

1．电路连接

按实验电路图 2-3-2 所示在电路板上接线，无误后方可接通电源。

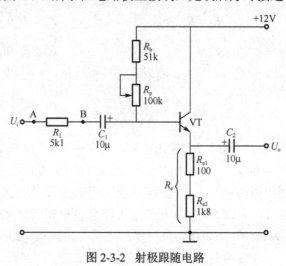

图 2-3-2　射极跟随电路

2．静态工作点的调整

将电源+12V 接上，在 B 点加 f=1kHz 正弦波信号，用示波器观察输出端，反复调整 R_p 及信号源输出幅度，使输出幅度在示波器屏幕上得到一个最大不失真波形，然后断开输入信号，用万用表测量晶体管各极对地的电位，即为该放大器静态工作点，将所测数据填入表 2-3-1。

表 2-3-1　静态测量

U_e（V）	U_b（V）	U_c（V）	$I_e=\dfrac{U_e}{R_e}$ （mA）

3．测试电压放大倍数 A_u

在输入端加入 f=1kHz 的正弦信号，调节输入信号源幅度，用示波器观察输出信号波形，在输出最大不失真的情况下，测量 U_i、U_o。计算电压放大倍数 A_u，将结果填入表 2-3-2。

表 2-3-2　电压放大倍数测试

U_i（V）	U_o（V）	$A_u= U_o/ U_i$

4. 测试输出电阻 R_o

在 B 点加入 f=1kHz 正弦波信号，U_i=100mV 左右，接上负载 R_L=2.2kΩ时，用示波器观察输出波形，测空载时输出电压 $U_o(R_L=\infty)$，加负载时输出电压 $U_L(R=2.2kΩ)$的值。R_o 计算公式如下所示：

$$R_o = \left(\frac{U_o}{U_L} - 1 \right) R_L$$

将所测数据填入表 2-3-3 中。

表 2-3-3　输出电阻测试

U_i（mV）	U_o（mV）	U_L（mV）	$R_o = \left(\dfrac{U_o}{U_L} - 1 \right) R_L$

5. 测量放大电路输入电阻 R_i（采用换算法）

在输入端串入 R_S=5.1kΩ电阻，A 点加入 f=1kHz 的正弦波信号，用示波器观察输出波形，用毫伏表分别测 A、B 点对地电位 U_S、U_i。
则

$$R_i = \frac{U_1}{U_S - U_i} \cdot R_S = \frac{R_S}{\dfrac{U_S}{U_i} - 1}$$

将测量数据填入表 2-3-4 中。

表 2-3-4　输入电阻测试

U_S（V）	U_i（V）	$R_i = \dfrac{R_S}{U_S / U_i - 1}$

6. 测射极跟随电路的跟随特性并测量输出电压峰峰值 $U_{\text{OP-P}}$

接入负载 $R_L=2.2\text{k}\Omega$，在 B 点加入 $f=1\text{kHz}$ 的正弦波信号，逐点增大输入信号幅度 U_i，用示波器监视输出端，在波形不失真时，测对应的 U_L 值，计算出 A_u，并用示波器测量输出电压的峰峰值 $U_{\text{OP-P}}$，与电压表（读）测的对应输出电压有效值比较，将所测数据填入表 2-3-5 中。

表 2-3-5　跟随及峰峰值测试数据

	1	2	3	4
U_i（峰值）				
U_L				
$U_{\text{OP-P}}$				
A_u				

五、实验仪器与设备

（1）模拟电路实验箱；
（2）示波器；
（3）信号发生器；
（4）万用表；
（5）交流毫伏表。

六、实验报告要求

（1）简述实验目的、实验原理，画出实验电路图。
（2）简述所做实验内容及步骤，整理实验数据。
（3）根据实测数值和计算结果，分析产生误差的原因。
（4）根据实验结果，分析射极跟随器的性能和特点。
（5）结合思考题的问题，分析得出实验结论。
（6）实验体会。重点报告实验中体会较深、收获较大的一两个问题（如果实验中出现故障，应将分析故障、查找原因，作为重点报告内容）

七、思考题

（1）分析比较射极跟随器电路和共射放大电路中电路的性能和特点，两种电路分别适用于什么场合？

（2）是否有其他方法测试电路中的输入电阻？请自拟测试方法。

实验四　三种组态放大电路的性能比较

一、实验目的

（1）掌握三种组态放大电路的结构特点；

（2）比较三种组态放大电路的电压增益和输入/输出相位特点；

（3）比较各组态输入、输出电阻的大小关系。

二、预习要求

（1）复习放大电路静态工作点的估算方法。

（2）复习三种组态放大电路动态指标的计算方法。

（3）复习三种组态放大电路各自的特点及应用场合。

三、实验原理

1. 三种组态放大电路的判别

放大电路三种组态以输入、输出信号的位置为判断依据：

信号由基极输入、集电极输出——共射极放大电路；

信号由基极输入、发射极输出——共集电极放大电路；

信号由发射极输入、集电极输出——共基极放大电路。

2. 三种组态放大电路性能特点

共射极放大电路：电压和电流增益都大于 1，输入电阻在三种组态中居中，输出电阻与集电极电阻有很大关系。适用于低频情况，作为多级放大电路的中间级。

共集电极放大电路：只有电流放大作用，没有电压放大作用，有电压跟随作用。在三种组态中，输入电阻最高，输出电阻最小，频率特性好。可用于输入级、输出级或缓冲级。

共基极放大电路：只有电压放大作用，没有电流放大作用，有电流跟随作用，输入电阻小，输出电阻与集电极电阻有关。高频特性较好，常用于高频或宽频带低输入阻抗的场合，模拟集成电路中亦兼有电位移动的功能。

本实验用实验箱依次接入三种组态电路，分别对比其静态、动态性能，实验电路图如 2-4-1 所示。

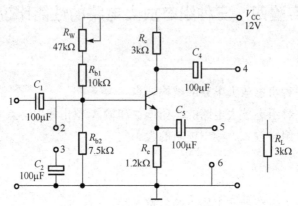

图 2-4-1　三种组态放大电路接线图

四、实验内容

1. 静态工作点调试方法

接线完毕仔细检查，确定无误后接通电源。调节电位器 R_W，使集电极电流 $I_c \approx 2mA$，此时静态工作点选在交流负载线的中点。用万用表的直流电压挡测量出此时放大电路的静态工作点，三种组态的直流通路相同，所以静态工作点相同，将结果填入表 2-4-1 中。

表 2-4-1　静态工作点测量数据

实　　　测			实　测　计　算	
V_c (V)	V_b (V)	V_e (V)	V_{ce} (V)	V_{be} (mA)

2. 动态指标测量

（1）按图 2-4-1 电路连线：若 5、6 短接，信号从 1 端输入、4 端输出，则组成共发组态放大器；若 2、3 短接，信号从 5 端输入、4 端输出，则组成共基组态放大器；若 4、6 短接，信号从 1 端输入、5 端输出，则组成共集组态放大器。将信号发生器的输出信号频率调到 $f = 1kHz$，接到放大电路的输入端，调节 U_s 的幅度，使 U_i =5mV，用毫伏表分别测量接入负载 R_L 的输出电压 U_L 和不接入负载 R_L 时的输出电压 U_o，再计算出各自的电压放大倍数，将结果填入表 2-4-2 中。

表 2-4-2　三种组态放大电路电压放大倍数测量数据

组　态	实　测				实 测 计 算	
	U_s（mV）	U_i（mV）	U_o（mV）	U_L（mV）	A_{Uo}	A_{UL}
共射组态						
共集组态						
共基组态						

（2）输入输出电阻测量方法。用实验二中所述的"换算法"测量放大电路的输入电阻和输出电阻。

在信号源输出端与放大器输入端之间串联一个已知电阻 R，在输出波形不失真的情况下，分别测量出 U_s 与 U_i 的值，其等效电路如图 2-4-2 所示，这个串联电阻即为原理图的 R_1 电阻，所以输入电阻可由下式求得：

$$R_i = \frac{U_i}{U_s - U_i} R_1$$

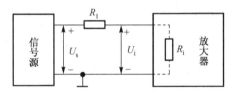

图 2-4-2　换算法测量输入电阻

同理，输出电阻的测量方法如图 2-4-3 所示，在输出波形不失真的情况下，用毫伏表分别测量接入负载 R_L 的输出电压 U_L 和不接入负载 R_L 时的输出电压 U_o，用下式求得输出电阻值：

$$R_o = \left(\frac{U_o}{U_L} - 1 \right) R_L$$

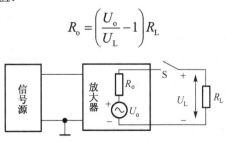

图 2-4-3　换算法测量输出电阻

将输入、输出电阻填入表 2-4-3 中。

表 2-4-3　输入、输出电阻测量数据

组　　态	输入电阻 R_i	输出电阻 R_o
	实测计算	实测计算
共射组态		
共集组态		
共基组态		

（3）通频带的测量。

保持输入信号 U_i =5mV 不变，改变输入信号的频率，使输出电压下降到 $U_L' = 0.707U_L$，可读出信号源对应的两个频率，分别为下限截止频率 f_L 和上限截止频率 f_H，并求出通频带宽 BW。分别测量并记录三种组态放大电路的通频带宽并将数据填入表 2-4-4 中。

表 2-4-4　通频带测量数据

组态 ＼ f	f_H	f_L	BW $= f_H - f_L$
共射组态			
共集组态			
共基组态			

3. 观测输入、输出波形相位关系

将示波器两路测试通道分别接入三种组态电路的输入和输出部分，观察各组态相位关系，并定性画于表 2-4-5 中。

表 2-4-5　三种组态放大电路输入、输出相位关系

组　　态	输入/输出波形
共射组态	
共集组态	
共基组态	

五、实验仪器与设备

（1）模拟电路实验箱；

（2）示波器；

（3）信号发生器；

（4）万用表；

（5）交流毫伏表。

六、实验报告要求

（1）简述实验目的、实验原理，画出实验电路图。

（2）简述所做实验内容及步骤，整理实验数据。

（3）列表比较电压放大倍数，输入电阻、输出电阻的理论值和实测值，分析误差原因。

（4）根据实验结果，讨论三种组态放大电路各性能特点，并分析都适用于哪种场合。

（5）结合思考题的问题，分析得出实验结论。

七、思考题

（1）若想用于多级放大电路的输出级，应选哪种组态电路。

（2）若想用于多级放大电路的输入级，应选哪种组态电路。

实验五　差分放大电路

一、实验目的

（1）熟悉差分放大电路的工作原理；

（2）掌握差分放大电路的基本测试方法。

二、预习要求

（1）复习差分放大电路的原理。

（2）计算 4 种接法的差分放大器的各项技术指标。

三、实验原理

差分放大电路是构成多级直接耦合放大电路的基本单元电路，由典型的工作点稳定电路演变而来。特点是静态工作点稳定，对共模信号有很强的抑制能力，它唯独对输入信号的差（差模信号）做出响应。为进一步减小零点漂移问题，使用了对称晶体管电路，以牺牲一个晶体管放大倍数为代价获取了低温漂的效果。它还具有良好的低频特性，可以放大变化缓慢的信号，由于不存在电容，可以不失真地放大各类非正弦信号（如方波、三角波等）。差分放大电路有 4 种接法：双端输入单端输出、双端输入双端输出、单端输入双端输出、单端输入单端输出。

由于差分电路分析一般基于理想化（不考虑元件参数不对称），因而很难做出完全分析。为了进一步抑制温漂，提高共模抑制比，实验所用电路使用 VT3 组成的恒流源电路来代替一般电路中的 R_e，它的等效电阻极大，从而在低电压下实现了很高的抑制温漂和共模抑制比。为了达到参数对称，提供了 R_{P1} 来进行调节，称为调零电位器。实际分析时，如果认为恒流源内阻无穷大，那么共模放大倍数 $A_c=0$。分析其双端输入双端输出差模交流等效电路时认为参数完全对称。

设 $\beta_1 = \beta_2 = \beta$，$r_{be1} = r_{be2} = r_{be}$，$R' = R'' = \dfrac{R_{P1}}{2}$，因此有如下公式：

$$\Delta u_{id} = 2\Delta i_{b1}(r_{be} + (1+\beta)R'), \Delta u_{od} = -2\beta\Delta i_{b1}(R_c /\!/ R_L/2)$$

差模放大倍数：

$$A_d = \frac{\Delta u_{od}}{\Delta u_{id}} = -\beta\frac{R_c /\!/ R_L/2}{r_{be} + (1+\beta)R'} = 2A_{d1} = 2A_{d2}, R_o = 2R_c$$

同理分析双端输入单端输出有：

$$A_d = -\frac{1}{2}\beta\frac{R_c \| R_L}{r_{be} + (1+\beta)R'}, R_o = R_c$$

单端输入时，其 A_d、R_o 由输出端是单端或是双端决定，与输入端无关。其输出必须考虑共模放大倍数：

$$U_o = A_d\Delta u_i + A_c \cdot \frac{\Delta u_i}{2}$$

无论何种输入输出方式，输入电阻不变：

$$r_i' = 2(r_{be} + (1+\beta)R')$$

为了获得对地平衡的双端输入差模信号，在差分放大器的输入端接有输入变压器 Tr，其在次级 A 点和 B 点将输出大小相等、相位相反的两差模信号，如图 2-5-1 所示。若要获得单端输入的差模信号，应将 B 点与 b_2 之间的连线断开，B 点接地；若要获得共模输入信号，则不用变压器，将 b_1 和 b_2 用导线连接起来，直接接入信号源进行实验。

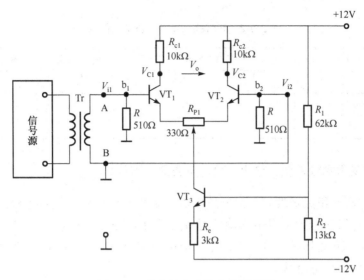

图 2-5-1 差分放大电路实验原理图

四、实验内容

1. 测量静态工作点

（1）调零。将输入端短路并接地，接通直流电源，调节电位器 R_{P1} 使双端输出电压 $V_o = 0$。

（2）测量静态工作点。测量三个三极管各极对地电压并将测量结果填入表 2-5-1 中。

表 2-5-1 静态工作点测量数据

对地电压	V_{e1}	V_{e2}	V_{e3}	V_{b1}	V_{b2}	V_{b3}	V_{c1}	V_{c2}	V_{c3}
测量值（V）									

2. 测量双端输入差模电压放大倍数

按图 2-5-1 连线，即 A 与 b_1 连接，B 与 b_2 连接，调节信号源，使输入端分别加入大小相等、相位相反的两差模电压信号 $U_{id} = \pm 10\text{mV}$，按表 2-5-2 的要求测量并记录，其中 U_{od1} 和 U_{od2} 为单端输出电压值，U_{od} 为双端输出电压值，根据测量数据算出单端和双端输出的电压放大倍数。

表 2-5-2　双端输入差模电压放大倍数

测量计算值 双端输入信号 U_{id}	测量电压值			双端输出放大 倍数 A_{ud}	单端输出放大倍数	
	U_{od1}	U_{od2}	U_{od}		A_{ud1}	A_{ud2}
10mV						
−10mV						

3．测量单端输入差分放大电路的电压放大倍数

在实验板上组成单端输入的差放电路，即应将 B 点与 b_2 之间的连线断开，B 点接地，进行下列实验：从 b_1 端输入交流信号 $U_i = 20mV$，测量单端及双端输出，按表 2-5-3 记录电压值。计算单端输入时的单端及双端输出的电压放大倍数。将测量结果填入表 2-5-3 中。

表 2-5-3　单端输入差分放大电路电压放大倍数数据

测量计算值 单端输入信号 U_i	测量电压值			双端输出放 大倍数 A_{ud}	单端输出放大倍数	
	U_{od1}	U_{od2}	U_{od}		A_{ud1}	A_{ud2}
正弦信号（20mV、1kHz）						

4．测量共模输入电压放大倍数

将输入端 b_1、b_2 短接，直接接至信号源的输入端，信号源另一端接地。施加 $f = 1kHz$，共模输入电压信号 U_{ic} 约等于 0.5V 的正弦信号。在输出不失真的情况下，分别测出单端输出电压 U_{oc1}、U_{oc2}，将测量结果填入表 2-5-4 中，根据测量数据算出单端和双端输出的电压放大倍数。进一步算出共模抑制比 $k_{CMR} = \left| \dfrac{A_{ud}}{A_{uc}} \right|$。

表 2-5-4　双端输入差模电压放大倍数

测量及计算值 输入信号 U_{ic}	共模输入			
	测量值（V）			
	U_{oc1}	U_{oc2}	U_{oc}	A_{uc}
0.5V				

五、实验仪器与设备

（1）模拟电路实验箱；

（2）示波器；

（3）信号发生器；

（4）万用表；

（5）交流毫伏表；

（6）变压器。

六、实验报告要求

（1）根据实测数据计算图 2-5-1 所示电路的静态工作点，与预习计算结果相比较。

（2）整理实验数据，计算各种接法的电压放大倍数 A 并与理论计算值相比较。

（3）计算实验步骤 4 中共模抑制比 CMRR 值。

（4）总结差放电路的性能和特点。

七、思考题

（1）调零时，应该用万用表还是毫伏表来测量差分放大器的输出电压？

（2）为什么不能用毫伏表直接测量差分放大器的双端输出电压 U_{od}，而必须先测量 U_{od1} 和 U_{od2}，再经计算得到？

实验六　负反馈放大电路

一、实验目的

（1）研究负反馈对放大电路性能的影响；

（2）掌握负反馈放大电路性能的测试方法。

二、预习要求

（1）复习负反馈的基本概念及工作原理；

（2）设图 2-6-2 电路中晶体管 β 值为 40，计算该放大电路开环和闭环电压放大倍数。

三、实验原理

负反馈放大电路的原理框图如图 2-6-1 所示。

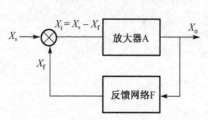

图 2-6-1　负反馈放大电路原理框图

图中，X_o 为输出量，X_f 为反馈量，X_i 为净输入量。负反馈放大电路的一般关系式为：

$$A_f = \frac{X_o}{X_s} = \frac{A}{1+AF}$$

其中，$A = \dfrac{X_o}{X_i}$ 为开环增益，$F = \dfrac{X_f}{X_o}$ 为反馈系数。在 $AF \gg 1$ 的条件下，即所谓的深度负反馈情况下，$A_f \approx \dfrac{1}{F}$，即负反馈放大器的增益仅由外部反馈网络来决定，与放大器本身的参数无关。（$1+AF$）称为反馈深度，负反馈对放大器性能改善的程度均与（$1+AF$）有关。

负反馈对放大器性能主要有以下几个方面的影响：

（1）降低了增益；

（2）提高了增益的稳定性；

（3）改变了输入电阻，串联负反馈使输入电阻增加，并联负反馈使输入电阻减小；

（4）改变输出电阻，电压负反馈使输出电阻减小，电流负反馈使输出电阻增加；

（5）拓展了通频带。

本实验电路为电压串联负反馈，引入这种反馈会增大输入电阻，减小输出电阻。公式如下：

$$A_f = \frac{A}{1+AF}$$

$$f_{Hf} = (1+AF)f_H$$

$$f_{Lf} = \frac{f_L}{1+AF}$$

$$R_{if} = (1+AF)R_i$$

$$R_{of} = \frac{R_o}{1+AF}$$

分析本实验电路（见图 2-6-2），与两级分压偏置电路相比，增加了 R_6，R_6 引入电压交直流负反馈，从而加大了输入电阻，减小了放大倍数。此外 R_6 与 R_F、C_F

形成了负反馈回路，从电路上分析，$F = \dfrac{U_f}{U_o} \approx \dfrac{R_6}{R_6 + R_F} = \dfrac{1}{31} = 0.323$ 。

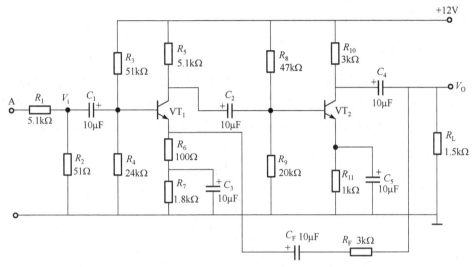

图 2-6-2　负反馈放大电路实验图

四、实验内容

1．静态工作点的测量

在实验箱上按图 2-6-1 连接，分别测量两个三极管三个极对地电压，并将结果填入表 2-6-1 中。

表 2-6-1　静态工作点测量数据

	V_C（V）	V_B（V）	V_E（V）	V_{BE}（V）
VT$_1$				
VT$_2$				

2．动态性能测试

1）开环电路

按图 2-6-2 接线，但反馈网络电阻 R_F 和 C_F 先不接入。输入端接入频率为 $f =$ 1kHz 的正弦电压信号。调节信号源的幅度旋钮，使放大电路的输入电压有效值为 $U_i = 0.5\text{mV}$。按表 2-6-2 要求测量带负载时的输出电压 U_L 和不带负载时的输出电

压 U_o，并根据实测值计算开环放大倍数 A_u 和输出电阻 R_o，其中 $A_u = \dfrac{U_o}{U_i}$，输出电阻由公式 $R_o = \left(\dfrac{U_o}{U_L} - 1 \right) R_L$ 计算。

2）闭环电路

接通 R_F 和 C_F，输入端接入频率为 $f = 1\text{kHz}$ 的正弦电压信号。调节信号源的幅度旋钮，使放大电路的输入电压有效值为 $U_i = 1\text{mV}$。按表 2-6-2 的要求测量带负载时的输出电压 U_L 和不带负载时的输出电压 U_o，并根据实测值计算闭环放大倍数 A_{uf} 和输出电阻 R_o，输出电阻由公式 $R_o = \left(\dfrac{U_o}{U_L} - 1 \right) R_L$ 计算。

表 2-6-2　动态性能测试数据

	R_L (kΩ)	U_i (mV)	U_o (mV)	A_u (A_{uf})	R_o (Ω)
开环	∞	0.5			
	1.5	0.5			
闭环	∞	1			
	1.5	1			

3）通频带的测量

保持输入信号 $U_i = 1\text{mV}$ 不变，改变输入信号的频率，使输出电压下降到 $U_L' = 0.707 U_L$，可读出信号源对的两个频率，分别为下限截止频率 f_L 和上限截止频率 f_H。分别测量开环和闭环情况下的通频带宽，并将结果填入表 2-6-3 中。

表 2-6-3　通频带宽测量数据

	f_H (Hz)	f_L (Hz)	BW (Hz)
开环			
闭环			

五、实验仪器与设备

（1）模拟电路实验箱；

（2）示波器；

（3）信号发生器；

（4）万用表；

（5）交流毫伏表。

六、实验报告要求

（1）原始记录（数据、波形、现象）。

（2）画出实验电路，简述所做实验内容及结果。

（3）整理实验数据，按内容要求填入各表格中，并与理论估算值比较。

（4）根据实验结果，总结引入负反馈对放大电路性能的影响。

（5）实验体会。重点报告实验中体会较深、收获较大的一两个问题（如果实验中出现故障，应将分析故障、查找原因作为重点报告内容）。

七、思考题

（1）计算（1+AF）的值，比较开环、闭环测得的数据是否与之有关？

（2）对多级放大电路应从末级向输入级引入负反馈，为什么？

（3）思考为何要求开环电路的输入信号大小比闭环电路的要小一些。

实验七　集成运放基本运算电路

一、实验目的

（1）掌握用集成运算放大电路组成比例、求和电路的特点及性能；

（2）学会上述电路的测试和分析方法。

二、预习要求

（1）复习集成运放组成反相比例、同相放大、求和及求差电路的方法；

（2）复习上述运算电路放大倍数的估算方法。

三、实验原理

集成运算放大器是一种具有高电压放大倍数的直接耦合多级放大电路。当外部接入不同的线性或非线性元器件组成输入和负反馈电路时，可以灵活地实现各种特定的函数关系。在线性应用方面，可组成比例、加法、减法、积分、微分、对数等模拟运算电路。

在大多数情况下，将运放视为理想运放，就是将运放的各项技术指标理想化，满足下列条件的运算放大器称为理想运放。

① 开环电压增益：$A_{ud} = \infty$。

② 输入阻抗：$R_i = \infty$。

③ 输出阻抗：$R_o = 0$

④ 带宽：$BW = \infty$。

⑤ 失调与漂移均为零等。

理想运放在线性应用时的两个重要特性如下。

（1）输出电压 U_o 与输入电压之间满足关系式：

$$U_o = A_{ud}(U_+ - U_-)$$

由于 $A_{ud} = \infty$，而 U_o 为有限值，因此 $U_+ - U_- \approx 0$。即 $U_+ \approx U_-$，称为"虚短"。

（2）由于 $R_i = \infty$，故流进运放两个输入端的电流可视为零，即 $I_{IB} = 0$，称为"虚断"。这说明运放对其前级吸取电流极小。

上述两个特性是分析理想运放应用电路的基本原则，可简化运放电路的计算。

四、实验内容

1. 测试集成运算放大器的好坏

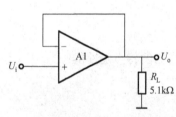

图 2-7-1 电压跟随电路

如图 2-7-1 所示，电路为电压串联负反馈电路，根据"虚短"有 $U_o = U_- \approx U_+$，因此这种电路也称为电压跟随器。按照图 2-7-1 接好电路，在同相输入端加入直流信号电压 U_i，用万用表直流电压挡测试输出电压 U_o，若均有 $U_o \approx U_i$，则此集成运放为功能正常的。若无此电压跟随关系，找实验教师更换本实验箱的集成运放元件。

2. 同相比例放大电路

如图 2-7-2 所示，电路为电压串联负反馈电路，根据"虚断"有 $i_+ = i_- = 0$，所以 $U_B = U_i$；根据"虚短"有 $U_A = U_B = U_i$，根据所以 $U_o = \dfrac{U_A}{R_1}(R_1 + R_F) = \left(1 + \dfrac{R_F}{R_1}\right) U_i$。

按照图 2-7-2 接好电路，在同相端加入直流信号电压 U_i。按表 2-7-1 的要求调节 U_i 值，用电压表的直流电压挡分别测出相对应的输出电压 U_o，并与理论估计值比较。

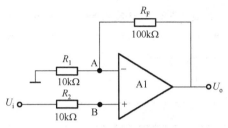

图 2-7-2 同相比例放大电路

表 2-7-1 同相比例放大电路测量数据

直流输入电压 U_i（V）		0.5	−0.5
输出电压 U_o	理论估算（V）		
	实际值（V）		
	误差（mV）		

3. 减法放大电路

实验电路如图 2-7-3 所示，电路为电压串并联反馈电路，由"虚短"、"虚断"分析得：

$$U_o = \frac{R_3}{R_2 + R_3} \cdot \frac{R_1 + R_F}{R_1} U_{i2} - \frac{R_F}{R_1} U_{i1} = 10(U_{i2} - U_{i1})$$

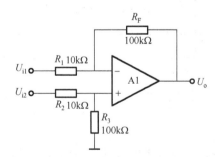

图 2-7-3 减法放大电路

按照图 2-7-3 接好电路，在反相端和同相端分别加入直流信号电压 U_{i1} 和 U_{i2}，按表 2-7-2 要求调节 U_i 值,用电压表的直流电压挡分别测出相对应的输出电压 U_o，并与理论估计值比较。

表 2-7-2　减法放大电路测量数据

U_{i1}（V）	2	0.2
U_{i2}（V）	1.8	−0.2
U_o（V）		
$U_{o估}$（V）		

4. 反相比例放大电路的设计与测试

1）设计要求

基于实验箱的以下分立元件：阻值分别为 10kΩ、10kΩ、100kΩ 的三个电阻及一个集成运算放大器μA741，设计一个反相比例放大电路，使其闭环增益为−10。要求画出设计的电路图，标注输入输出电压。

2）电路测试

在反相输入端加上频率为 $f=$1kHz 的输入信号，用数字示波器观察输入输出端的电压波形，并测量出在输出无失真情况下的输入输出电压的有效值，填入表 2-7-3 中，并验证是否符合设计要求。

表 2-7-3　反相比例放大电路测试数据

输入电压 U_i（V）		输入输出波形
输出电压 U_o（V）		
闭环增益（计算）		

5. 反相求和电路的设计与测试

1）设计要求

基于实验箱的以下分立元件：阻值分别为 10kΩ、10kΩ、100kΩ 和 100kΩ 的四个电阻及一个集成运算放大器μA741，设计一个反相求和放大电路，使其输出电压和输入电压关系满足：$U_o = -10(U_{i1} + U_{i2})$。要求画出设计的电路图，标注输入输出电压。

2）电路测试

在反相输入端 U_{i1} 和 U_{i2} 上分别加上频率为 $f=$1kHz、有效值为 $U_{i1} = U_{i2} =$

10mV 的相位相同输入信号，用数字示波器观察输入输出端的电压波形，并测量出在输出无失真情况下的输出电压的有效值，填入表 2-7-4 中，并验证是否符合设计要求。

表 2-7-4 反相求和电路测试数据

输入电压 U_{i1}（V）	10mV	输入输出波形
输入电压 U_{i2}（V）	10mV	
输出电压 U_o（V）		

五、实验仪器与设备

（1）数字万用表；

（2）TPE-ADII 电子技术学习机；

（3）示波器。

六、实验报告要求

（1）原始记录（数据、波形、现象）。

（2）画出实验电路，简述所做实验内容及结果。

（3）整理实验数据，按内容要求填入各表格中，并与理论估算值比较。

（4）根据实验结果，总结本实验中 5 种运算电路的特点及性能。

（5）实验体会。重点报告实验中体会较深、收获较大的一两个问题（如果实验中出现故障，应将分析故障、查找原因作为重点报告内容）。

七、思考题

（1）运算放大器作比例放大时，R_1 与 R_f 的阻值误差为±10%，试问如何分析和计算电压增益的误差。

（2）用虚短、虚断分析推导反相比例放大电路及反相求和电路的关系式。

实验八 RC 正弦波振荡器

一、实验目的

（1）掌握桥式 RC 正弦波振荡电路的构成及工作原理；

（2）熟悉正弦波振荡电路的调整、测试方法；

（3）观察 RC 参数对振荡频率的影响，学习振荡频率的测定方法。

二、预习要求

（1）复习 RC 桥式振荡电路的工作原理。

（2）完成下列填空题。

① 图 2-8-1 中，正反馈支路是由_____组成的，这个网络具有_____特性，要改变振荡频率，只要改变_____或_____的数值即可。

② 图 2-8-1 中，R_{P2} 和 R_1 组成_____反馈，其中_____用来调节放大器的放大倍数，使 $A_V \geq 3$。

三、实验原理

正弦波振荡电路必须具备两个条件：一是必须引入反馈，而且反馈信号要能代替输入信号，这样才能在不输入信号的情况下自发产生正弦波振荡；二是要有外加的选频网络，用于确定振荡频率；因此振荡电路由四部分电路组成：放大电路；选频网络；反馈网络；稳幅环节。实际电路中多用 LC 谐振电路或 RC 串并联电路（两者均起到带通滤波选频作用）用作正反馈来组成振荡电路。振荡条件如下：正反馈时 $\dot{X}_i' = \dot{X}_f = \dot{F}\dot{X}_o$，$\dot{X}_o = \dot{A}\dot{X}_i' = \dot{A}\dot{F}\dot{X}_o$，所以平衡条件为 $\dot{A}\dot{F} = 1$，即放大条件 $|\dot{A}\dot{F}| = 1$，相位条件 $\varphi_A + \varphi_F = 2n\pi$，起振条件 $|\dot{A}\dot{F}| > 1$。

本实验电路常称为文氏电桥振荡电路，如图 2-8-1 所示。由 R_{P2} 和 R_1 组成电压串联负反馈，使集成运放工作于线性放大区，形成同相比例运算电路，由 RC 串并联网络作为正反馈回路兼选频网络。分析电路可得：$|\dot{A}| = 1 + \dfrac{R_{P2}}{R_1}$，$\phi_A = 0$。当

$R_{P1} = R_2 = R, C_1 = C_2 = C$ 时，有 $\dot{F} = \dfrac{1}{3 + j\left(\omega RC - \dfrac{1}{\omega RC}\right)}$，设 $\omega_0 = \dfrac{1}{RC}$，有

$|\dot{F}| = \dfrac{1}{\sqrt{9 + \left(\dfrac{\omega}{\omega_0} - \dfrac{\omega_0}{\omega}\right)^2}}$，$\varphi_F = -\arctan\dfrac{1}{3}\left(\dfrac{\omega}{\omega_0} - \dfrac{\omega_0}{\omega}\right)$。当 $\omega = \omega_0$ 时，$|\dot{F}| = \dfrac{1}{3}$，$\varphi_F = 0$，

此时取 A 稍大于 3，便满足起振条件，稳定时 $A = 3$。本实验为操作方便，将 R_{P2} 和 R_1 换为 100kΩ 的电位器 R_w 组成电压串联负反馈，如图 2-8-2 所示。

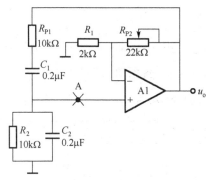
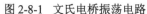
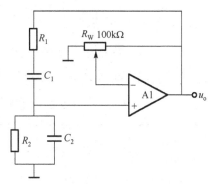

图 2-8-1 文氏电桥振荡电路 　　　　　图2-8-2 本实验RC振荡电路

四、实验内容

1. 测量 RC 振荡电路频率及幅值

按图 2-8-2 连接电路，令 $R_1=R_2=10\text{k}\Omega$，$C_1=C_2=0.1\mu\text{F}$，调节电位器 R_W，用示波器观察输出波形，直至出现不失真正弦波为止，记录此时频率及幅值，并将测量结果填入表 2-8-1 中。

表 2-8-1 输出正弦波测量数据

输 出 信 号	$R_1=R_2=10\text{k}\Omega$ $C_1=C_2=0.1\mu\text{F}$	理 论 值	误　差
f（Hz）			
U_o（V）			

2. 改变 R_1 和 R_2 阻值，测量频率和输出电压值

改变 R_1 和 R_2 阻值为 $30\text{k}\Omega$，电容值不变，调节电位器 R_W，用示波器观察输出波形，直至出现不失真正弦波为止，记录此时频率及电压值，并将测量结果填入表 2-8-2 中。

表 2-8-2 输出正弦波测量数据

输 出 信 号	$R_1=R_2=30\text{k}\Omega$ $C_1=C_2=0.1\mu\text{F}$	理 论 值	误　差
f（Hz）			
U_o（V）			

3. 设计一个 RC 振荡器

设计一个 RC 振荡器，其输出为 $f_0 = 16\text{Hz}$、电压不小于 5V 的正弦波，试确定 R、C 的值，并在实验箱上完成验证实验，将相关数据填入表 2-8-3 中。

表 2-8-3　设计 RC 振荡器测量数据

输 出 信 号	R	C	验证输出正弦波的 f 及 U_0	误　差
$f = 16\text{Hz}$				
$U_0 \geqslant 5\text{V}$				

五、实验仪器与设备

（1）模拟电路实验箱；
（2）示波器；
（3）交流毫伏表；
（4）万用表。

六、实验报告要求

（1）根据给定电路参数计算振荡频率，并与实测值比较，分析误差产生的原因。
（2）总结改变负反馈深度对振荡器起振的幅值条件及输出波形的影响。
（3）写出设计 RC 振荡器的过程。

七、思考题

（1）如果元件完好，接线正确，电源电压正常，而示波器看不到输出波形，考虑是什么问题？该怎样解决？
（2）有输出，但输出波形有明显的失真，应如何解决？

实验九　功率放大电路

一、实验目的

（1）熟悉功率放大器的工作原理；
（2）熟悉与使用集成功率放大器 LM386；

（3）掌握功放电路输出功率及效率的测试方法。

二、预习要求

（1）复习有关功率放大器的基本内容；

（2）了解 LM386 的内部电路原理；

（3）熟悉并掌握由 LM386 构成的功放电路，并分析其外部元件的功能。

三、实验原理

集成功率放大器是一种音频集成功放，具有自身功耗低、电压增益可调整、电压电源范围大、外接元件少和总谐波失真少的优点。分析其内部电路（见图 2-9-1）可得到一般集成功放的结构特点。LM386 是一个三级放大电路，第一级为直流差动放大电路，它可以减少温漂、加大共模抑制比，由于不存在大电容，因此具有良好的低频特性，可以放大各类非正弦信号，也便于集成。它以两路复合管作为放大管增大放大倍数。以两个三极管组成镜像电路源作差分发大电路的有源负载，使这个双端输入单端输出差分放大电路的放大倍数接近双端输出的放大倍数。第二级为共射放大电路，以恒流源为负载，增大放大倍数、减小输出电阻。第三级为双向跟随的准互补放大电路，可以减小输出电阻，使输出信号峰峰值尽量大（接近于电源电压），两个二极管给电路提供合适的偏置电压，可消除交越失真。可用瞬间极性法判断出，引脚 2 为反相输入端，引脚 3 为同相输入端，电路是单电源供电，故为 OTL（无输出变压器的功放电路），所以输出端应接大电容隔直再带负载。引脚 5 到引脚 1 的 15kΩ电阻形成反馈通路，与引脚 8 到引脚 1 之间的 1.35kΩ和引脚 8 到三极管发射极间的 150Ω电阻形成深度电压串联负反馈。此时：

$$A_u = A_f = \frac{A}{1 + AF} \approx \frac{1}{F}$$

理论分析：当引脚 1 到引脚 8 之间开路时有 $A_u \approx 2\left(1 + \dfrac{15k}{1.35k + 0.15k}\right) = 22$，当引脚 1 到引脚 8 之间外部串联一个大电容和一个电阻 R 时，$A_u \approx 2\left(1 + \dfrac{15k}{1.35k // R + 0.15k}\right)$，因此当 $R = 0$ 时，$A_u \approx 22$。

在本实验电路（见图 2-9-2）中，开关与 C_2 控制增益，C_3 为旁路电容，C_1 为去耦电容（滤掉电源的高频交流部分），C_4 为输出隔直电容，C_5 与 R 串联构成校正网络来进行相位补偿。当负载为 R_L 时：

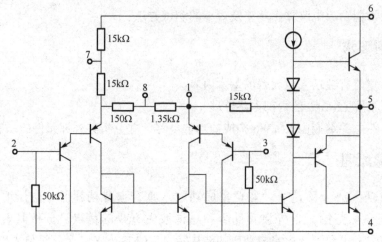

图 2-9-1　集成运放 LM386 内部结构

$$P_{OM} = \frac{\left(\dfrac{U_{OM}}{\sqrt{2}}\right)^2}{R_L}$$

当输出信号峰峰值接近电源电压时，有：

$$U_{OM} \approx E_C = \frac{V_{CC}}{2}, \quad P_{OM} \approx \frac{V_{CC}{}^2}{8R_L}$$

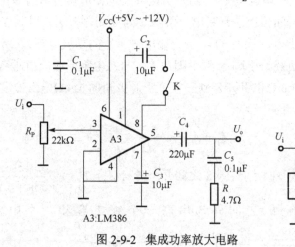

图 2-9-2　集成功率放大电路

四、实验内容

（1）按图 2-9-2 所示的电路在实验板上插装电路。接入+12V 电源，不加信号

时测静态工作电流 I_Q，填入表 2-9-1 中。

（2）在输入端接 1kHz 信号，用示波器观察输出波形、逐渐增加输入电压幅度，直至出现失真为止，记录此时输入电压、输出电压幅值，填入表 2-9-1 中，并记录波形。

表 2-9-1 功率放大电路测试数据

V_{CC}	C_2	不接 R_L				$R_L=8\Omega$（喇叭）			
		I_Q（mA）	U_i（mV）	U_o（V）	A_u	U_i（mV）	U_o（V）	A_u	P_{OM}（W）
+12V	接								
	不接								
+9V	接								
	不接								
+5V	接								
	不接								

（3）去掉 10μF 电容，重复上述实验。

（4）改变电源电压（选 5V、9V 两挡），重复上述实验。

五、实验仪器与设备

（1）模拟电路实验箱；

（2）示波器；

（3）信号发生器；

（4）万用表；

（5）交流毫伏表。

六、实验报告要求

（1）根据实验测量值计算各种情况下的 P_{OM}、P_V 及 η。

（2）做出电源电压与输出电压、输出功率的关系曲线。

七、思考题

（1）根据实验现象，说明 C_1、C_2、C_3、C_4 的作用。

（2）电位器 R_P 有什么作用？

实验十　集成稳压电路

一、实验目的

（1）了解集成稳压电路的特性和使用方法；

（2）掌握直流稳压电源的主要参数测试方法。

二、预习要求

（1）复习教材中直流稳压电源部分关于电源主要参数及测试方法部分；

（2）查阅手册，了解本实验使用稳压器的技术参数。

三、实验原理

（1）大多数电子仪器都需要将电网提供的 220V、50Hz 的交流电转换为符合要求的直流电，而直流稳压电源是一种通用的电源设备，它能为各种电子仪器和电路提供稳定直流电压。当电网电压波动、负载变化及环境温度变化时，其输出电压能相对稳定。

（2）直流稳压电源一般由变压器、整流电路、滤波电路、稳压电路等组成。

（3）集成负反馈串联稳压电路如图 2-10-1 所示，稳压基本要求 $U_{in} - U_o \geq 2V$。主要分为三个系列：固定正电压输出的 78 系列（见图 2-10-2）、固定负电压输出的 79 系列、可调三端稳压器 X17 系列。78 系列中输出电压有 5V、6V、9V 等，由输出最大电流分类有 1.5A 型号的 78×× （×× 为其输出电压）、0.5A 型号的 78M××、0.1A 型号的 78L××。79 系列中输出电压有 −5V、−6V、−9V 等，同样由输出最大电流分为三挡，标识方法一样。可调式三端稳压器根据工作环境温度要求不同分为三种型号，能工作在 -55℃～150℃ 的为 117，能工作在 -25℃～150℃ 的为 217，能工作在 0～150℃ 的为 317，同样根据输出最大电流不同分为 X17、X17M、X17L 三挡。其输入输出电压差要求在 3V 以上，$V_{OUT} - V_T = V_{REF} = 1.25V$。本实验电路为可调式稳压电路，稳压器为 LM317L，最大输入电压 40V，输出电压 1.25～37V，可调最大输出电流 100mA。

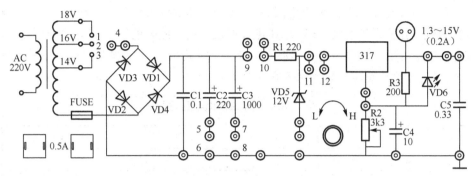

图 2-10-1 　直流稳压电源实验电路图

四、实验内容

（1）对照电路图 2-10-1，在实验板上连接电路，2 连接 4，5 连接 6，7 连接 8，9 连接 12，在实验过程中，应特别注意安全。变压器有三组输出，先接 16V 电压进行实验。检查无误后，经教师同意后才可接上 220V 交流电源。在实验过程中，还要注意发光二极管 VD6 的极性。

图 2-10-2 　78 系列引脚图

（2）将实验箱接通电源，这时发光二极管应发光，调节 R_2 使输出电压稳定在 $U_o = 12V$，测量稳压器 317 的输入电压 U_i，即点 12 的电压，记录下来。

（3）测试稳压电源的稳压系数 S_r。将 2 与 4 断开，3 与 4 连接起来，在变压器输出电压为 14V 时进行实验，以此来模拟输入电压，记录此时的 U_i 和 U_o。即当变压器输出分别为 16V 和 14V 时，记录相应的 U_o 及 U_i，并由此计算稳压系数，将相对应的数据填入表 2-10-1 中。

表 2-10-1 　稳压系数测量数据

变压器输出	16V	14V
U_i（V）		
U_o（V）		
$S_r = \dfrac{\Delta U_o / U_o}{\Delta U_i / U_i}$		

（4）测试稳压电源的输出电阻 R_o。在输出部分接入负载，负载为 330Ω的电位器串联，使变压器输出 16V 电压进行测试，测量此时的输出电压 U_o 及输出电流 I_o（注意万用表测电流时要串联在电路中，以防烧表）；再断开负载，测量此时的 U_o 及 I_o，将相对应的数据填入表 2-10-2 中。

表 2-10-2　输出电阻测量数据

$R_L = 330\Omega$	$U_o =$	(V)	$I_o =$	(mA)
$R_L = \infty$	$U_o =$	(V)	$I_o =$	(mA)
$R_o = \dfrac{\Delta U_o}{\Delta I_o}$				

（5）测量稳压电源的纹波电压。用数字示波器测量输出直流电压的纹波电压。

五、实验仪器与设备

（1）模拟电路实验箱；
（2）示波器；
（3）交流毫伏表；
（4）万用表。

六、实验报告要求

（1）原始记录（数据、波形、现象）。
（2）画出实验电路，简述所做实验内容及结果。
（3）整理实验数据，按内容要求填入各表格中，并与理论估算值比较。
（4）根据实验结果，总结本实验所用可调三端稳压器的应用方法。
（5）实验体会。重点报告实验中体会较深、收获较大的一两个问题（如果实验中出现故障，应将分析故障、查找原因作为重点报告内容）。

七、思考题

（1）与分离元件的稳压电路相比，集成稳压电源有哪些优点？
（2）稳压电源的稳压系数是越大越好还是越小越好？ R_o 呢？为什么？

实验十一　函数发生器

一、实验目的

（1）要求掌握方波-三角波-正弦波函数发生器的设计方法与调试技术；

（2）学会安装与调试由多级单元电路组成的电子线路；

（3）学会使用集成函数发生器。

二、实验任务与要求

设计题目：方波-三角波-正弦波发生器。

1．主要技术指标

（1）频率范围：$10 \sim 100\text{Hz}$，$100\text{Hz} \sim 1\text{kHz}$，$1 \sim 10\text{kHz}$。

（2）频率控制方式：通过改变 RC 时间常数手控信号频率；通过改变控制电压 U_C 实现压控频率（VCF）。

（3）输出电压：正弦波 $U_{\text{PP}} \approx 3\text{V}$，幅度连续可调；三角波 $U_{\text{PP}} \approx 5\text{V}$，幅度连续可调；方波 $U_{\text{PP}} \approx 14\text{V}$，幅度连续可调。

（4）波形特性：方波上升时间小于 $2\mu\text{s}$；三角波非线性失真小于 1%；正弦波谐波失真小于 3%。

（5）扩展部分：自拟。可涉及下列功能：功率输出；矩形波占空比 50%；95% 可调；锯齿波斜率连续可调；能输出扫频波。

2．设计要求

1）函数发生器的组成

函数发生器一般是指能自动产生正弦波、三角波（锯齿波）、方波（矩形波）、阶梯波等电压波形的电路或仪器。电路可以由运放及分立元件构成；也可以采用单片集成函数发生器。根据用途不同，有产生三种或多种波形的函数发生器，本实验介绍方波-三角波-正弦波函数发生器的设计方法。

产生方波、三角波和正弦波的方案有多种，如首先产生正弦波，然后通过比较器电路变换成方波，再通过积分电路变换成三角波；也可以首先产生方波、三角波，然后将三角波变成正弦波或将方波变成正弦波；或采用一片能同时产生上述三种波形的专用集成电路芯片（5G8038）。本实验仅介绍先产生方波、三角波，再讲三角波变换成正弦波的电路设计方法及集成函数发生器的典型电路。

2）函数发生器的主要性能指标

（1）输出波形：方波、三角波、正弦波等。

（2）频率范围：输出频率范围一般可分为若干波段。

（3）输出电压：输出电压一般指输出波形的峰峰值。

（4）波形特性：正弦波，谐波失真度，一般要求小于 3%；三角波，非线性失真度，一般要求小于 2%；方波，上升沿和下降沿时间一般要小于 2μs。

三、实验原理

1. 三角波变换成正弦波

该电路由运算放大器电路及分立元件构成，方波-三角波-正弦波函数发生器电路组成框图如图 2-11-1 所示，这里只介绍将三角波变换成正弦波的电路，常见电路如下。

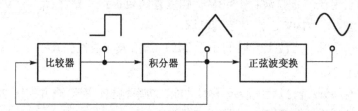

图 2-11-1 方波-三角波-正弦波函数发生器电路组成框图

（1）用差分放大电路实现三角波-正弦波的变换。波形变换的原理是利用差分放大器的传输特性曲线的非线性，波形变换过程如图 2-11-2 所示。由图可见，传输特性曲线越对称、线性区越窄越好；三角波的幅度应正好使晶体接近饱和区或截止区。

图 2-11-3 为实现三角波-正弦波变换的电路，其中 R_{P1} 调节三角波的幅度，R_{P2} 具有对称性，其并联电阻 R_{e2} 用来减小差分放大器的线性区，电容 C_1、C_2、C_3 为隔直电容，C_4 为滤波电容，以滤除谐波分量、改善输出波形。

（2）用二极管折线近似电路实现三角波-正弦波的变换。最简单的折线近似电路如图 2-11-4 所示。

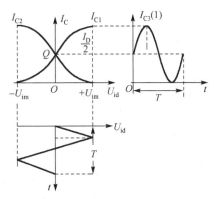

图 2-11-2　三角波–正弦波的波形变换

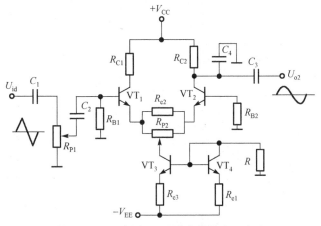

图 2-11-3　三角波–正弦波变换的实现电路

当电压 $U_i(R_{A0}/(R_{A0}+R_s))$ 小于 U_1+U_D 时，二极管 VD$_1$、VD$_2$、VD$_3$ 截止；当电压 $U_i(R_{A0}/(R_{A0}+R_s))$ 大于 U_1+U_D 且小于 U_2+U_D 时，则 VD$_1$ 导通；同理可得 VD$_1$、VD$_2$、VD$_3$ 的导通条件。不难得出图 2-11-4 的输入、输出特性曲线如图 2-11-5 所示。选择合适的电阻网络，可使三角波转换为正弦波。一个实用的折线逼近正弦波转换电路如图 2-11-6 所示。其计算图如图 2-11-7 所示，该图是以正弦波角频率 $0°$ 为 0、$90°$ 为峰值画出的三角波，$0°\sim30°$ 处，三角波和正弦波因为有着相同的电平值而重合，其余部分是，选择转折点为 P，画出用折线逼近正弦波的直线段，由两者的斜率比定出电阻网络的分压比。每个转折点对应着一个二极管，而且所提供给各二极管负端的电位值应该是适当的。

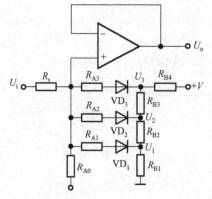

图 2-11-4　折线近似电路

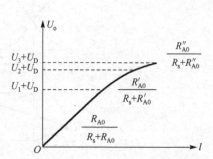

图2-11-5　折线近似电路输入、输出特性曲线

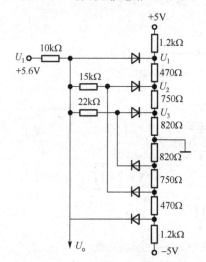

图 2-11-6　折线逼近正弦波转换电路

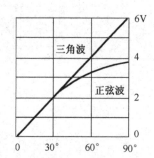

图2-11-7　折线逼近正弦波转换电路计算图

2. 单片集成函数发生器 5G8038

专用集成电路芯片 5G8038 是能同时产生正弦波、三角波和方波的函数发生器。

1）5G8038 基本工作原理

5G8038 的引脚排列如图 2-11-8 所示。它的结构可用图 2-11-9 来表示。通常它由两个比较器组成一个参考电压，分别是设置在 $2/3V_{CC}$ 和 $1/3V_{CC}$ 上的窗口比较器。而这个窗口比较器的输出分别控制一个后随的 R-S 触发器的置位与复位端。外接定时电容 C_r 的充放电回路由内部设置的上、下两个电流源 CS_1 和 CS_2 担任，而充电与放电的转换则由 RS 触发器的输出通过电子模拟开关的通或断来进行控制。另外，在定时电容 C_r 上形成的线性三角波经阻抗转换器（缓冲器）输出，产生三角波。为得到在比较宽的频率范围内由三角波到正弦波的转换，内设一个由电阻与晶体管组成的折射线近似转换网络（正弦波变换器），以得到低失真的正弦信号输出。

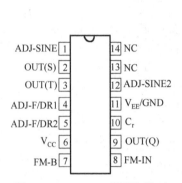

图 2-11-8 5G8038 的引脚排列

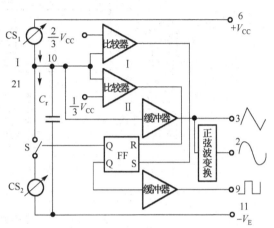

图2-11-9 5G8038的结构

定时电容 C_r 上的三角波经三角波-正弦波转换后，就可输出频率与方波（或三角波）一致的正弦波信号。当充放电流相等时，输出为一个对称的三角波。除此之外，函数发生器的两个内部电流源 CS_1 和 CS_2 还可通过外部电路调节电流值的比，以便获得输出占空比不为50%而是从 1%～99%可变的矩形波和锯齿波，这样可适应各种不同的应用需要。但此时正弦波要严重失真。

2）5G8038 主要技术指标

（1）频率温度漂移：≤50ppm/℃。

（2）输出波形：同时输出正弦波、三角波和方法。

（3）工作频率范围：0.001～300kHz。

（4）输出正弦波失真：≤1%；三角波输出线性度可优于 0.1%。

（5）矩形波输出占空系数：在 1%～99%范围内调节。

（6）输出矩形波电平：4.2～28V。

（7）电源电压：单电源为+10～+30V；双电源为±5～±15V。

3）典型应用

5G8038 的典型应用如图 2-11-10 所示。图中，输出频率由 8 脚电位和定时电容 C_2 决定。改变 R_{P2} 的中心抽头位置，则方波的占空比、锯齿波的上升和下降时间比改变。R_{P3}、R_{P4} 与 R_6、R_7 支路可调节正弦波的失真度。

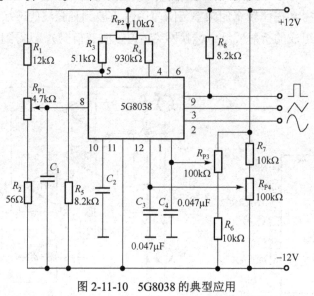

图 2-11-10 5G8038 的典型应用

四、实验内容

1. 由运算放大器电路及分立元件构成方波-三角波-正弦波函数发生器

（1）用差分放大实现三角波-正弦波的变换电路如图 2-11-11 所示。

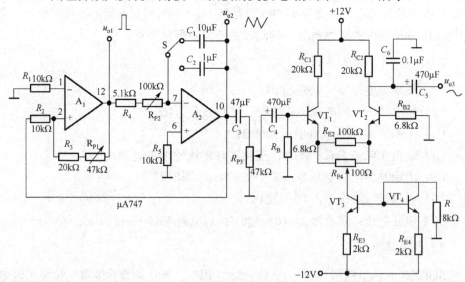

图 2-11-11 差分放大实现三角波-正弦波的变换

指标要求：频率范围 1～10Hz；10～100Hz

输出电压：方波 $U_{PP} \leqslant 24V$；三角波 $U_{PP} = 8V$；正弦波 $U_{PP} > 1V$。

波形特性：方波上升时间小于 100μs；三角波非线性失真小于 2%；正弦波谐波失真小于 5%。

三角波-正弦波变换电路的参数选择原则是：隔直电容 C_3、C_4、C_5 的容量要取得较大，因为输出频率很低，一般取值为 470μF，滤波电容 C_6 视输出的波形而定，若含高次谐波成分较多，C_6 可取得较小，一般为几十皮法至几百皮法。R_{E2} 与 R_{P4} 相关联，以减小差分放大器的线性区。差分放大器的静态工作点可通过观测传输特性曲线调整 R_{E4} 及电阻 R 确定。

（2）用二极管折线近似电路实现三角波-正弦波的变换电路如图 2-11-12 所示。

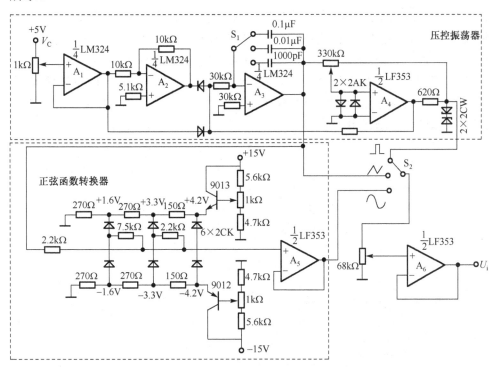

图 2-11-12 用二极管折线近似电路实现三角波-正弦波的变换电路

指标要求：频率范围 10～100Hz、100Hz～1kHz，1～10kHz。

频率控制方式：通过改变 RC 时间常数手控信号频率；通过改变控制电压 V_C 实现压控频率（VCF）。

输出电压：各波形输出幅度连续可调。

波形特性：方波上升时间小于 2 μF；三角波非线性失真小于 1%；正弦波谐波失真小于 3%。

设计频率调节部分时，可先按三个频段给定三个电容值：100pF、0.01 μF、0.1 μF，然后计算 R 的大小。手控制与压控部分线路要求更换方便。为满足对方波前后沿时间的要求，以及正弦波最高工作频率（10kHz）的要求，在积分器、比较器、正弦波转换器和输出级中应选用 S_R 值较大的运放（如 LF353）。为保证正弦波有较小的失真度，应正确计算二极管网络的电阻参数，并注意调节输出三角波的幅度和对称度，输出波形中不能含有直流成分。

2. 单片集成函数发生器 5G8038

图 2-11-13 是由 μA741 和 5G8038 组成的精密压控振荡器，当 8 脚与一连续可调的直流电压相连时，输出频率也连续可调。当此电压为最小值（近似为 0）时，输出频率最低，当电压为最大值时，输出频率最高；5G8038 控制电压有效作用范围是 0～3V。由于 5G8038 本身的线性度仅在扫描频率范围 10 : 1 时为 0.2%，更大范围（如 100 : 1）时线性度随之变坏，所以控制电压经 μA741 后再送入 5G8038 的 8 脚，这样会有效地改善压控线性度（优于 1%）。若 4、5 脚的外接电阻相等且为 R，此时输出频率可由下式决定：

$$f = 0.3 / RC_4$$

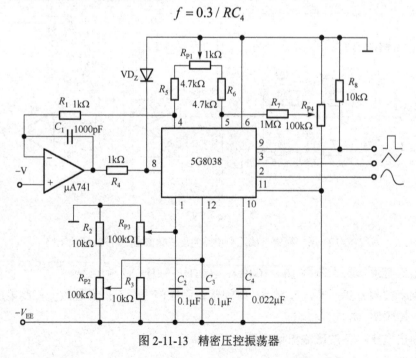

图 2-11-13　精密压控振荡器

设函数发生器最高工作频率为 2kHz，定时电容 C_4 可由上式求得。电路中 R_{P3} 用来调整高频端波形的对称性，而 R_{P2} 用来调整低频端波形的对称性，调整 R_{P3} 和 R_{P2} 可以改善正弦波的失真。稳压管 VD_Z 是为了避免 8 脚上的负压过大而使 5G8038 工作失常设置的。

3．电路安装与指标测试

对于图 2-11-11 和图 2-11-12 所示电路的调试，通常按电子线路一般调试方法进行，即按照单元电路的先后顺序进行分级装调与联调，故这里不再赘述。

下面介绍集成函数发生器 5G8038 的一般调试方法。

按图 2-11-10 接线，检查无误后通电观察有无方波、三角波输出，若有，则进行以下调试。

1）频率的调节

定时电容 C_2 不变（可按要求分数挡），改变 R_{P1} 中心滑动端位置（第 8 脚电压改变），输出波形的频率应发生改变，然后分别接入各挡定时电容，测量输出频率变化范围是否满足要求，若不满足，改变有关元件参数（R_1、R_2 及 R_{P1}）。

2）占空比（矩形波）或斜率（锯齿波）的调节

R_{P1} 中心滑动端位置不变，改变 R_{P2} 中心滑动端位置，输出波形的占空比（矩形波）或斜率（锯齿波）将发生变化，若不变化，查 R_3、R_4、R_{P2} 回路。

3）正弦波失真度的调节

因为正弦波是由三角波变换而得的，故首先应调 R_{P2} 使输出的锯齿波为正三角波（上升、下降时间相等），然后调 R_{P3}、R_{P4}，观察正弦波输出的顶部和底部失真程度，使之波形的正、负峰值（绝对值）相等且平滑接近正弦波。最后用失真度仪测量其失真度，再进行细调，直至满足失真度指标要求。

五、实验元器件

（1）运算放大器：μA741×1、LM324×3、LF353×3。

（2）集成函数发生器：5G803×1。

（3）三极管：9013×1、9012×1。

（4）1/4W 时金属膜电阻、可调电阻、电容若干。

六、实验报告要求

（1）画出设计原理图，列出元器件清单。

（2）整理实验数据。

（3）调试中出现了什么故障？如何排除？

（4）分析整体测试结果。

（5）写出本实验的心得体会。

（6）回答思考题。

七、思考题

（1）产生正弦波有几种方法？说明各种方法的简单原理。

（2）产生方波有几种方法？试说明其原理，并比较它们的优缺点。

实验十二　万用表的设计与调试

一、实验目的

（1）掌握用运算放大器设计万用电表的方法；

（2）学会安装与调试由多级单元电路组成的电子线路。

二、实验任务与要求

设计以下课题：用运算放大器设计万用电表。

（1）直流电压表：满量程+6V。

（2）直流电流表：满量程 10mA。

（3）交流电压表：满量程 6V，50Hz～1kHz。

（4）交流电流表：满量程 10mA。

（5）欧姆表：满量程分别为 1kΩ、10kΩ、100kΩ。

三、实验原理

在测量中，电表的接入应不影响被测电路的原工作状态，这就要求电压表应具有无穷大的输入电阻，电流表的内阻应为零。但实际上，万用电表表头的可动线圈总有一定的电阻。例如 100μA 的表头，其内阻约为 1kΩ，用它进行测量时将影响被测量，引起误差。此外，交流电表中的整流二极管的压降和非线性特性也会产生误差。如果在万用电表中使用运算放大器，就能大大降低这些误差，提高测量精度。在欧姆表中采用运算放大器，不仅能得到线性刻度，还能实现自动调零。

1．直流电压表

图 2-12-1 为同相端输入、高精度直流电压表的原理图。

为了减小表头参数对测量精度的影响，将表头置于运算放大器的反馈回路中，这时，流经表头的电流与表头的参数无关，只要改变 R_1 一个电阻，就可以进行量程的切换。

表头电流 I 与被测电压 U_i 的关系为：

$$I = \frac{U_i}{R_1}$$

应当指出：图 2-12-1 适用于测量电路与运算放大器共地的有关电路。此外，当被测电压较高时，在运放的输入端应设置衰减器。

2．直流电流表

图 2-12-2 是浮地直流电流表的原理图。在电流测量中，浮地电流的测量是普遍存在的。例如，若被测电流无接地点，就属于这种情况。为此，应把运算放大器的电源也对地浮动，按此种方式构成的电流表就可像常规电流表那样，可串联在任何电流通路中测量电流。

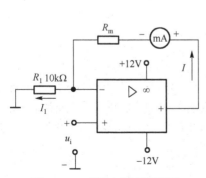

图 2-12-1　直流电压表原理图

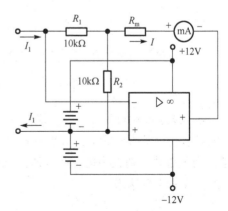

图 2-12-2　直流电流表原理图

表头电流 I 与被测电流 I_1 之间关系为：

$$-I_1 R_1 = (I_1 - I) R_2$$

所以
$$I = \left(1 + \frac{R_1}{R_2}\right) I_1$$

可见，改变电阻比（R_1/R_2）可调节流过电流表的电流，以提高灵敏度。如果被测电流较大，则应给电流表表头并联分流电阻。

3. 交流电压表

由运算放大器、二极管整流桥和直流毫安表组成的交流电压表如图 2-12-3 所示。被测交流电压 u_i 加到运算放大器的同相端，故有很高的输入阻抗，又因为负反馈能减小反馈回路中的非线性影响，故把二极管桥路和表头置于运算放大器的反馈回路中，以减小二极管本身非线性的影响。

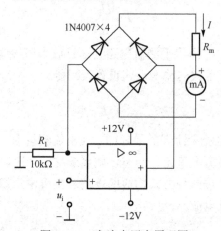

图 2-12-3　交流电压表原理图

表头电流 I 与被测电压 U_i 的关系为：

$$I = \frac{U_i}{R_1}$$

电流 I 全部流过桥路，其值仅与 U_i/R_1 有关，与桥路和表头参数（如二极管的死区等非线性参数）无关。表头中电流与被测电压 u_i 的全波整流平均值成正比，若 u_i 为正弦波，则表头可按有效值来刻度。被测电压的上限频率取决于运算放大器的频带和上升速率。

4. 交流电流表

图 2-12-4 为浮地交流电流表原理图，表头读数由被测交流电流 i 的全波整流

平均值 I_{1AV} 决定，即

$$I = \left(1 + \frac{R_1}{R_2}\right) I_{1AV}$$

如果被测电流 i 为正弦电流，即：

$$i_1 = \sqrt{2} I_1 \sin \omega t$$

则上式可写为：

$$I = 0.9 \left(1 + \frac{R_1}{R_2}\right) I_1$$

则表头可按有效值来刻度。

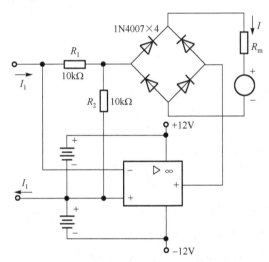

图 2-12-4　交流电流表原理图

5. 欧姆表

图 2-12-5 为多量程的欧姆表原理图。

在此电路中，运算放大器由单电源供电，被测电阻 R_X 跨接在运算放大器的反馈回路中，同相端加基准电压 U_{REF}。

因为

$$U_P = U_N = U_{REF}$$

$$I_1 = I_X$$

$$\frac{U_{REF}}{R_1} = \frac{U_O - U_{REF}}{R_X}$$

即

$$R_X = \frac{R_1}{U_{REF}} (U_O - U_{REF})$$

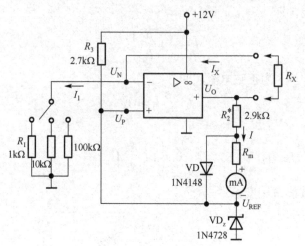

图 2-12-5　欧姆表原理图

流经表头的电流：

$$I = \frac{U_O - U_{REF}}{R_2 + R_m}$$

由上面两式消去（$U_O - U_{REF}$）。

可得：

$$I = \frac{U_{REF} R_X}{R_1 (R_m + R_2)}$$

可见，电流 I 与被测电阻成正比，而且表头具有线性刻度，改变 R_1 的值，可以改变欧姆表的量程。这种欧姆表能自动调零，当 $R_X=0$ 时，电路变成电压跟随器，$U_O = U_{REF}$，故表头电流为零，从而实现了自动调零。

二极管 VD 起保护电表的作用，如果没有 VD，当 R_X 超量程时，特别是当 $R_X \rightarrow \infty$ 时，运算放大器的输出电压将接近电源电压，使表头过载。有了 VD 就可以使输出钳位，防止表头过载。调整 R_2，可实现满量程调节。

四、实验内容

（1）用万用电表的电路是多种多样的，用上述参考电路设计一只较完整的万用电表。

（2）万用电表进行电压、电流或欧姆测量时，进行量程切换时应用开关切换，但实验时可用引接线切换。

五、实验元器件

（1）表头：灵敏度为 1mA，内阻为 100Ω。

（2）运算放大器：μA741。

（3）电阻器：均采用 $\frac{1}{4}$ W 的金属膜电阻器。

（4）二极管：1N4007×4、1N4148。

（5）稳压管：1N4728。

六、实验报告要求

（1）画出完整的万用电表的设计电路原理图。

（2）将万用电表与标准表作测试比较，计算万用电表各功能挡的相对误差，分析误差原因。

（3）电路改进建议。

（4）收获与体会。

七、思考题

在连接电源时，正、负电源连接点上接大容量的滤波电容器和 0.01～0.1μF 的小电容器起到什么作用？

第3章 数字电子技术实验

实验一 TTL门电路的测试与使用

一、实验目的

（1）掌握 TTL 与非门、集电极开路门和三态门逻辑功能的测试方法；

（2）熟悉 TTL 与非门、集电极开路门和三态门主要参数的测试方法。

二、预习要求

（1）阅读并掌握 TTL 集成门的参数及测试方法。

（2）在附录中查阅 74LS020（T4020 或 T063）器件引出端排列图。

三、实验原理

1. TTL 集成与非门

实验使用的 TTL 与非门 74LS020（或 T4020、T063 等）是双 4 输入端与非门，即在一块集成块内含两个互相独立的与非门，每个与非门有 4 个输入端。其逻辑表达式为：$Y=\overline{ABCD}$。其逻辑符号如图 3-1-1 所示。器件引出端排列图在本书附录中可查到。所有 TTL 集成电路使用的电源电压均为 $V_{CC}=+5V$。

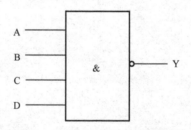

图 3-1-1 四输入与非门的逻辑符号

TTL 与非门的主要参数如下

（1）低电平输出电源电流 I_{CCL} 和高电平输出电源电流 I_{CCH}。

低电平输出电源电流 I_{CCL} 是指：所有输入端悬空、输出端空载时，电源提供器件的电流。

高电平输出电源电流 I_{CCH} 是指：每个门各有一个以上的输入端接地、输出端空载时的电源电流。

通常 $I_{CCL} > I_{CCH}$。

（2）低电平输入电流 I_{IL} 和高电平输入电流 I_{IH}。

低电平输入电流是指：被测输入端的输入电压 V_{IL}=0.4V、其余输入端悬空时，由被测输入端流出的电流值。

高电平输入电流是指：被测输入端接至+5V 电源，其余输入端接地，流入被测输入端的电流值。

（3）电压传输特性。

电压传输特性是反映输出电压 V_O 与输入电压 V_I 之间关系的特性曲线。从电压传输特性曲线上可以直接读得下述各参数值。

① 输出高电平电压值 V_{OH}。

V_{OH} 是指与非门有一个以上输入端接地时的输出电压值。当输出接有拉电流负载时。V_{OH} 值将下降。其允许的最小输出高电平电压值 V_{OH}=2.4V。

② 输出低电平电压值 V_{OL}。

V_{OL} 是指与非门的所有输入端悬空时的输出电压值。当输出端接有灌电流负载时，V_{OL} 值将升高。其允许的最大输出低电平电压值 V_{OL}=0.4V。

③ 最小输入高电平电压值 $V_{IH (min)}$。

$V_{IH (min)}$ 是指当输入电压大于此值时，输出必为低电平。通常 $V_{IH (min)} \geqslant 2.0V$。

④ 最大输入低电平电压值 $V_{IL (max)}$。

$V_{IL (max)}$ 是指当输入电压小于此值时，输出必为高电平。通常 $V_{IL (max)} \leqslant 0.8V$。

⑤ 阈值电压值 V_T。

V_T 是指与非门电压传输特性曲线上，$V_{OH (min)}$ 与 $V_{OL (max)}$ 之间迅速变化段中点附近的输入电压值。当与非门工作在这一电压附近时，输入信号的微小变化将导致电路状态的迅速改变。由于不同系列器件内部电路结构不同，故 $V_T \approx 1.0 \sim 1.5V$ 不等。

⑥ 高电平直流噪声容限 V_{NH} 和低电平直流噪声容限 V_{NL}。

直流噪声容限是指在最坏条件下，输入端上所允许的输入电压变化的极限范围。它表示驱动门输出电压的极限值和负载门所要求的输入电压极限值之差。

（4）扇出系数 N_O。

N_O 是指电路能驱动同类门电路的数目。用以衡量电路的负载能力：

$$N_O = I_{OL} / I_{IL} \tag{3-1-1}$$

N_O 的大小主要受输出低电平时输出端允许灌入的最大负载电流 I_{OL} 的影响。V_{OL} 随负载电流的增加而上升。当 V_{OL} 上升到 $V_{OL (max)}$ 时，输出电流 I_{OL} 就是该电路允许的最大负载电流。式中的 I_{IL} 是同类门允许的最大输入电流值。

（5）平均传输延迟时间 t_{pd}。

传输延迟时间是指输入波形边沿的 $0.5V_m$ 点至输出波形对应边沿的 $0.5V_m$ 点的时间间隔。

实验使用的各种与非门的特性参数见表 3-1-1。表中提供的参数规范值是在一定的测试条件下获得的，仅供实验时参照。表中使用的 000、004、020 是 CT 系列数字尾数，表示品种代号。表中的电流值，以流进器件内部的取正值，流出器件的取负值。

表 3-1-1　　000、004、020 和 T065、T082、T063 参数规范

参数名称	符号	单位	CT1000 系列		CT4000 系列		74LS000 系列	
高电平输出 电源电流	I_{CCH}	mA	000	≤8	000	≤1.6	74LS065	≤14
			004	≤12	004	≤2.4	74LS082	≤21
			020	≤4	020	≤0.8	74LS063	≤7
低电平输出 电源电流	I_{CCL}	mA	000	≤22	000	≤4.4	74LS065	≤28
			004	≤33	004	≤6.6	74LS082	≤42
			020	≤11	020	≤2.2	74LS063	≤14
高电平输入电流	I_{IH}	μA	≤40		≤20		≤50	
低电平输入电流	I_{IL}	mA	≤|-1.6|		≤|-0.4|		≤|-1.6|	
高电平输出电流	I_{OH}	μA	≤|-400|		≤|-400|		≤|-400|	
低电平输出电流	I_{OL}	mA	≥16		≥8		≥12.8	
输出高电平电压	V_{OH}	V	≥2.4		≥2.4		≥2.4	
输出低电平电压	V_{OL}	V	≤0.4		≤0.4		≤0.4	
平均延迟时间	t_{pd}	ns	≤18.5		≤15		≤20（40）	

2. 集电极开路门（Open Collector，OC 门）

集电极开路与非门的电路图与图形符号如图 3-1-2 所示。其输出管 T_4 的集电极是悬空的，工作时需要通过外接负载电阻 R_L 接入电源 E_C（由于 E_C 与器件电源 V_{CC} 分开，所以可以任意选择其电压值，但不可超过器件规定的 T_4 管的耐压值）。

由两个与非门（OC）输出端相连组成的电路如图 3-1-3 所示。它们的输出：

$$Y = Y_A Y_B = \overline{ABCD} = \overline{AB + CD} \tag{3-1-2}$$

即把两个与非门的输出相与（称为线与），完成与或非的逻辑功能。

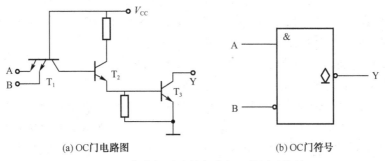

(a) OC 门电路图　　　　　　　　　　(b) OC 门符号

图 3-1-2　集电极开路的与非门及其图形符号

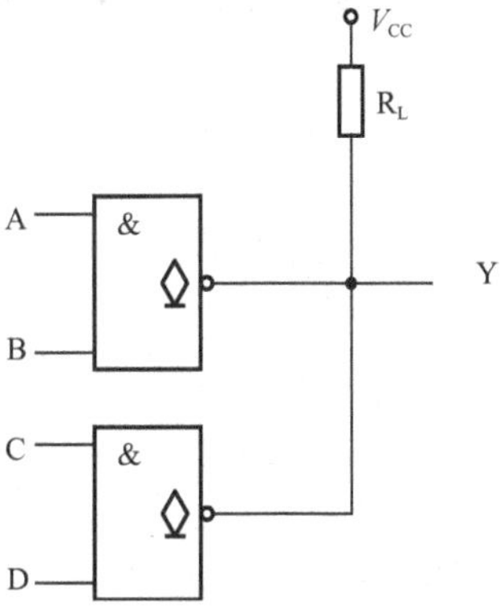

　　如果由 n 个 OC 门线与驱动 N 个 TTL 与非门，则负载电阻 R 可以根据线与的与非门（OC）数目 n 和负载门的数目 N 进行选择。

　　为保证输出电平符合逻辑要求，R_L 的数值选择范围为：

$$R_{MAX}=\frac{E_C-V_{OH}}{nI_{CEX}+N'I_{IH}}\qquad R_{MIN}=\frac{E_C-V_{OL}}{I_{LM}-NI_{IL}}$$

式中：I_{CEX}——OC 门输出管的截止漏电流（约 $50\mu A$）；

　　　　I_{LM}——OC 门输出管允许的最大负载电流（约 $20mA$）；

　　　　I_{IL}——负载门的低电平输入电流（$\leqslant1.6mA$）；

　　　　I_{IH}——负载门的高电平输入电流（$\leqslant50\mu A$）；

　　　　E_C——负载电阻所接的外电源电压；

　　　　n——线与输出的 OC 门的个数：

　　　　N——负载门的个数；

　　　　N'——接入电路的负载门输入端总个数。

图 3-1-3　OC 门的线与应用

　　R 值的大小会影响输出波形的边沿时间，在工作速度较高时，R 的取值应接近 R_{min}。

　　由于集电极开路门具有上述特性，因而获得了广泛的应用，如：

　　（1）利用电路的线与特性方便地完成某些特定的逻辑功能；

　　（2）实现多路信息采集，使两路以上的信息共用一个传输通道（总线）；

　　（3）实现逻辑电平的转换，如用 TTL（OC）门驱动 CMOS 电路的电平转换。

3. 三态门（Tristate，3S 门）

　　三态门除了有通常的高电平和低电平两种输出状态外，还有第三种输出状态——高阻态。处于高阻态时，电路与负载之间相当于开路。图 3-1-4 所示为三态输出门的图形符号，它有一个控制端（又称使能端）$\overline{E}$。$\overline{E}$=0 为正常工作状态，实现 Y=A 的功能；$\overline{E}$=1 为禁止工作状态。Y 输出呈高阻状态。这种在控制端加 0 信号时电路才能正常工作的工作方式称低电平使能。

　　三态电路的主要用途之一是实现总线传输，即用一个传输通道（称为总线）以选通方式传送多路信息，如图 3-1-5 所示。使用时，要求只有需要传输信息的那个三态门的控制端处于使能状态（$\overline{E}$=0），其余各门皆处于禁止状态（$\overline{E}$=1）。显然，若同时有两个或两个以上三态门的控制端处于使能状态，则会出现与普通 TTL 门线与运用时同样的问题，因而是绝对不允许的。

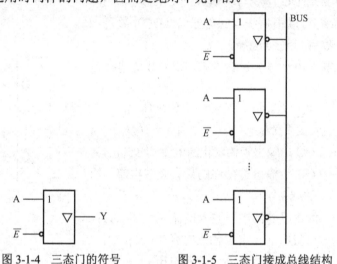

图 3-1-4　三态门的符号　　　　　图 3-1-5　三态门接成总线结构

四、实验内容

　　（1）测量图 3-1-1 与非门（74LS020）的输入输出逻辑关系，将结果填入表 3-1-2 中。

　　逻辑门及其组成电路的静态逻辑功能测试，就是测试电路的真值表。电路的各输入端由数据开关提供 0 与 1 信号；在输出端，用发光二极管组成的逻辑指示器显示，按真值表逐行进行。由测得的真值表可以对应地画出电路各输入端、输出端的工作波形图。

表 3-1-2　四输入与非门逻辑功能表

A	B	C	D	Y
0	0	0	0	

续表

A	B	C	D	Y
0	0	0	1	
0	0	1	0	
0	0	1	1	
0	1	0	0	
0	1	0	1	
0	1	1	0	
0	1	1	1	
1	0	0	0	
1	0	0	1	
1	0	1	0	
1	0	1	1	
1	1	0	0	
1	1	0	1	
1	1	1	0	
1	1	1	1	

（2）测量图 3-1-6 中各电路的逻辑功能，并根据测试结果写出它们的真值表及逻辑表达式。

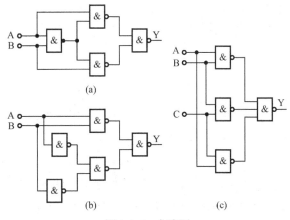

图 3-1-6 电路图

（3）测量图 3-1-3 中 OC 门的线与逻辑关系。

（4）使用 74LS125 实现如图 3-1-7 所示的 1bit 双向传输总线。验证该电路功能。

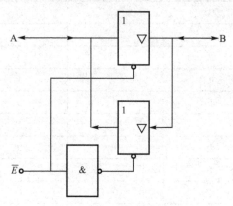

图 3-1-7　1bit 双向传输总线图

五、实验仪器与设备

（1）电子技术实验箱；

（2）数字万用表；

（3）74LS20 三片，74LS00、74LS125、74LS03 各一片。

六、实验报告要求

（1）测试各项参数必须附有测试电路图，记录测试数据，并对结果进行分析。

（2）静态传输特性曲线必须画在方格坐标纸上，并贴在相应内容中，从曲线中读得所要求的数值。

（3）设计性任务应有设计过程和设计逻辑图，记录实际检测的结果，并进行分析。

七、思考题

（1）测量扇出系数 N_0 的原理是什么？为什么计算中只考虑输出低电平时的负载电流值，而不考虑输出高电平时的负载电流值？

（2）使一只异或门实现非逻辑，电路将如何连接？

（3）讨论 TTL 与非门不使用输入端的各种处置方法的优缺点。

（4）用普通万用表怎样判断三态电路处于输出高阻态？

实验二 SSI 组合逻辑电路的设计与测试

一、实验目的

（1）掌握用 SSI 设计组合电路及其控制方法；

（2）观察组合电路的冒险现象。

二、预习要求

（1）信号波形如图 3-2-1 所示，这些干扰信号是否属于冒险现象？

（2）设每个门的平均传输延迟时间是 $1t_{pd}$，试画出图 3-2-2 所示电路在输入 A 信号发生变化时，各点的工作波形。

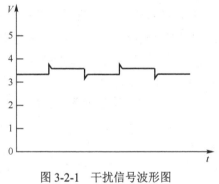

图 3-2-1 干扰信号波形图

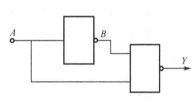

图 3-2-2 预习内容（2）电路图

三、实验原理

小规模集成电路（SSI）设计组合电路的一般步骤是：

（1）根据任务要求列出真值表；

（2）通过化简得出最简逻辑函数表达式；

（3）选择标准器件实现此逻辑函数。

逻辑化简是组合逻辑设计的关键步骤之一，为了使电路结构简单和使用器件较少，往往要求逻辑表达式尽可能简化。由于实际使用时要考虑电路的工作速度和稳定可靠等因素，在较复杂的电路中，还要求逻辑清晰易懂，所以最简设计不一定是最佳的。但一般说来，在保证速度、稳定可靠与逻辑清楚的前提下，尽量使用最少的器件，以降低成本，这是逻辑设计者的任务。

组合逻辑设计过程通常是在理想情况下进行的，即假定一切器件均没有延迟效应。但是实际上并非如此，信号通过任何导线或器件都需要一个响应时间。例如，一般中速 TTL 与非门的延迟时间为 10～20ns。而且由于制造工艺上的原因，各器件的延迟时间离散性很大，往往按照理想情况设计的逻辑电路，在实际工作中有可能产生错误输出。一个组合电路，在它的输入信号变化时，输出出现瞬时错误的现象称为组合电路的冒险现象。

组合电路的冒险现象有两种：一种称为函数冒险（即功能冒险），另一种称为逻辑冒险。当电路有两个或两个以上变量同时发生变化时，变化过程中必然要经过一个或数个中间状态，如果这些中间状态的函数值与起始状态和终了状态的函数值不同，就会出现瞬时的错误信号。由于这种原因造成的冒险称为函数冒险，显然这种冒险是函数本身固有的。逻辑冒险是指，在一个输入变量发生变化时，由于各传输通路的延迟时间不同导致输出出现瞬时错误。

本实验着重对逻辑冒险中的静态 0 型冒险进行研究。组合电路的静态 0 型冒险是指在输出恒等于 1 的情况下，出现瞬时 0 输出的错误现象。分析和判断一个逻辑函数在其中一个输入变量（如设变量为 A）发生变化时，电路是否可能出现险象，险象的脉冲宽度是多少，如何利用改变该逻辑函数的结构，如增加校正项（即逻辑化简时的冗余项）来消除险象等，通常可以使用下述方法。

（1）对于函数的与或表达式，可以对除变量 A 以外的其他变量逐个进行赋值。若能使表达式出现：

$$F = A + \overline{A} \tag{3-2-1}$$

则表示电路在变量 A 发生变化时可能存在 0 型冒险。为了消除此冒险，可以增加校正项，该校正项就是被赋值各变量的乘积项。

（2）对于函数的卡诺图，分析发现若有两个被圈项的圈相切，相切部分之间相应的变量发生变化时，函数可能存在冒险现象。消除该冒险现象的方法是增加能把其两个相切部分圈在一起的一个圈项。

（3）由与非门组成的逻辑图中，若变量 A 通过两条传输路径（分别经过的门数量差为奇数）后，驱动同一个门电路，若在给其他各变量赋一定的值后，使这两条路径是畅通的，则 A 变量发生变化时，可能会出现冒险现象。假定每个门的平均传输延迟时间均为 $1t_{pd}$，那么两条路径经过门的数量差就是冒险现象脉冲的可能宽度。显然被赋值的各变量乘积项就是消除该冒险现象时应增加的校正项。

增加校正项可以用来消除电路的逻辑冒险现象。此外根据不同情况还可以采取下述方法消除各种冒险现象。

（4）由于组合电路的冒险现象是在输入信号变化过程中发生的，因此可以设法避开这一段时间，待电路稳定后再让电路正常输出。具体办法有以下几种。

① 在存在冒险现象的与非门的输入端引进封锁负脉冲。当输入信号变化时，将该门封锁（使门的输出为 1）。

② 在存在冒险现象的与非门的输入端引进选通正脉冲。选通脉冲不作用时，门的输出为 1，选通脉冲到来时，电路才有正常输出。显然，选通脉冲必须在电路稳定时才能出现。

由于冒险现象中出现的干扰脉冲宽度一般很窄，所以可在门的输出端并联一个几百皮法的滤波电容加以消除。但这样做将导致输出波形的边沿变坏，这些情况是不允许的。

组合电路的冒险现象是一个重要的实际问题。当设计出一个组合逻辑电路后，首先应进行静态测试，也就是按真值表依次改变输入变量，测得相应的输出逻辑值，验证其逻辑功能。再进行动态测试，观察是否存在冒险。然后根据不同情况分别采取消除冒险现象的措施。

四、实验内容

（1）按表 3-2-1 设计一个逻辑电路。

表 3-2-1　实验任务 1 真值表

A	B	C	D	F	A	B	C	D	F
0	0	0	0	0	1	0	0	0	0
0	0	0	1	0	1	0	0	1	0
0	0	1	0	1	1	0	1	0	1
0	0	1	1	1	1	0	1	1	0
0	1	0	0	0	1	1	0	0	1
0	1	0	1	0	1	1	0	1	1
0	1	1	0	0	1	1	1	0	1
0	1	1	1	1	1	1	1	1	1

设计要求：

① 输入信号仅提供原变量，要求用最少数量的 2 输入端与非门，画出逻辑图。

② 搭建电路进行静态测试，验证逻辑功能，记录测试结果。

③ 分析输入端 B、C、D 各处于什么状态时能观察到输入端 A 信号变化时产生的冒险现象。

④ 在 A 端输入 $f=100\text{kHz}\sim1\text{MHz}$ 的方波信号，观察电路的冒险现象。

⑤ 电路设计参考图 3-2-3 所示电路。

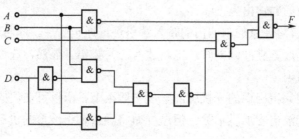

图 3-2-3　实验任务 1 参考电路

（2）使用与非门设计一个十字交叉路口的红绿灯控制电路，检测所设计电路的功能，记录测试结果。

图 3-2-4 是交叉路口的示意图，图中 A、B 方向是主通道，C、D 方向是次通道，在 A、B、C、D 四道口附近各装有车辆传感器，当有车辆出现时，相应的传感器将输出信号 1，红绿灯点亮的规则如下。

A、B 方向绿灯亮的条件：

① A、B、C、D 均无传感信号；

② A、B 均有传感信号；

③ A 或 B 有传感信号，而 C 和 D 不是全有传感信号。

C、D 方向灯亮的条件：

① C、D 均有传感信号，而 A 和 B 不是全有传感信号；

② C 或 D 有传感信号，而 A 和 B 均无传感信号。

电路设计可参考图 3-2-5 所示电路。

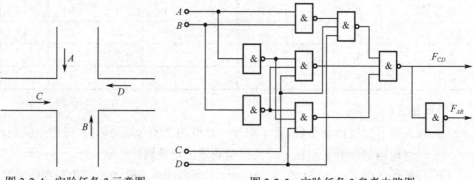

图 3-2-4　实验任务 2 示意图　　　　图 3-2-5　实验任务 2 参考电路图

五、实验仪器与设备

（1）电子技术实验箱；

（2）数字万用表；

（3）双踪示波器；

（4）74LS00 三片，74LS20 两片。

六、实验报告要求

（1）写出任务的设计过程（包括叙述有关设计技巧），画出设计电路图；

（2）记录检测结果，并进行分析；

（3）画出冒险现象的工作波形，必须标出零电压坐标轴。

七、思考题

（1）分析任务 1 电路，当输入信号 B、C 或 D 单独发生变化时，电路是否存在逻辑冒险现象？

（2）若任务 1 中允许使用多输入端与非门，在 A 信号发生变化时，是否还存在冒险现象？

（3）在观察冒险现象时，为什么要求 A 信号的频率尽可能高一些？

（4）什么是静态 1 型冒险？分析存在 1 型冒险的方法是什么？

实验三 MSI 组合逻辑电路的应用

一、实验目的

（1）掌握数据选择器、译码器和全加器等 MSI 的使用方法。

（2）熟悉 MSI 组合功能件的应用。

二、预习内容

（1）什么是异或门、半加器和全加器？用两个异或门和少量与非门组成 1 位全加器，画出其电路图；

（2）利用 74LS153 设计一个 1 位二进制全减器，画出电路连线图；

（3）利用一个 3 线-8 线译码器和与非门，实现一个三变量函数式：

$$Y = A\overline{B}\overline{C} + \overline{A}\overline{B}C + \overline{A}B\overline{C} + ABC \tag{3-3-1}$$

三、实验原理

中规模集成电路（MSI）是一种具有专门功能的集成功能件。常用的 MSI 组合功能件有译码器、编码器、数据选择器、数据比较器和全加器等。借助器件手册提供的功能表，弄清器件各引出端（特别是各控制输入端）的功能与作用，就能正确地使用这些器件。在此基础上应该尽可能地开发这些器件的功能，扩大其应用范围。对于一个逻辑设计者来说，关键在于合理选用器件，灵活地使用器件的控制输入端，运用各种设计技巧，实现任务要求的电路功能。

在使用 MSI 组合功能件时，器件的各控制输入端必须按逻辑要求接入电路，不允许悬空。

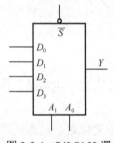

图 3-3-1　74LS153 逻辑符号

1. 数据选择器

74LS153 是一个双 4 选 1 数据选择器，其逻辑符号如图 3-3-1 所示，功能表见表 3-3-1。其中 D_0、D_1、D_2、D_3 为 4 个数据输入端；Y 为输出端；$\overline{S}$ 是使能端。在 $\overline{S}=0$ 时使能，在 $\overline{S}=1$ 时 $Y=0$；A_1、A_0 是器件中两个选择器公用的地址输入端。该器件的逻辑表达式为：

$$Y = S(\overline{A_1}\,\overline{A_0}D_0 + \overline{A_1}A_0D_1 + A_1\overline{A_0}D_2 + A_1A_0D_3) \qquad (3\text{-}3\text{-}2)$$

表 3-3-1　74LS153 功能表

控 制 输 入			输　　出
A_1	A_0	$\overline{S}$	Y
×	×	1	0
0	0	0	D_0
0	1	0	D_1
1	0	0	D_2
1	1	0	D_3

数据选择器是一种通用性很强的功能件，它的功能很容易得到扩展。4 选 1 数据选择器经组合很容易实现 8 选 1 选择器功能。

使用数据选择器进行电路设计的方法是合理地选用地址变量，通过对函数的运算，确定各数据输入端的输入方程。例如，使用 4 选 1 数据选择器实现全加器逻辑，或者利用 4 选 1 数据选择器实现有较多变量的函数。

数据选择器的地址变量一般的选择方式如下：

（1）选用逻辑表达式各乘积项中出现次数最多的变量（包括原变量与反变量），以简化数据输入端的附加电路；

（2）选择一组具有一定物理意义的量。

2. 译码器

译码器可分为两大类：一类是通用译码器，另一类是显示译码器。

74LS138 是一个 3 线-8 线译码器，它是一种通用译码器，其逻辑符号如图 3-3-2 所示，表 3-3-2 是其功能表。其中，A_2、A_1、A_0 是地址输入端，Y_0、Y_1、$\cdots$、Y_7 是译码输出端，S_1、S_2、S_3 是使能端，当 $S_1=1$，$\overline{S_2}+\overline{S_3}=0$ 时，器件使能。

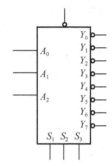

图 3-3-2　74LS138 逻辑符号

3 线-8 线译码器实际上也是一个负脉冲输出的脉冲分配器。若利用使能端中的一个输入端输入数据信息，器件就成为一个数据分配器。例如，若从 S_1 输入端输入数据信息，$\overline{S_2}=\overline{S_3}=0$，地址码所对应的输出是 S_1 数据信息的反码；若从 S_2 输入端输入数据信息，$S_1=1$，$\overline{S_3}=0$，地址码所对应的输出就是数据信息 $\overline{S_2}$。

表 3-3-2　74LS138 功能表

输　入					输　出							
S_1	$\overline{S_2}+\overline{S_3}$	A_2	A_1	A_0	$\overline{Y_0}$	$\overline{Y_1}$	$\overline{Y_2}$	$\overline{Y_3}$	$\overline{Y_4}$	$\overline{Y_5}$	$\overline{Y_6}$	$\overline{Y_7}$
1	0	0	0	0	0	1	1	1	1	1	1	1
1	0	0	0	1	1	0	1	1	1	1	1	1
1	0	0	1	0	1	1	0	1	1	1	1	1
1	0	0	1	1	1	1	1	0	1	1	1	1
1	0	1	0	0	1	1	1	1	0	1	1	1
1	0	1	0	1	1	1	1	1	1	0	1	1
1	0	1	1	0	1	1	1	1	1	1	0	1
1	0	1	1	1	1	1	1	1	1	1	1	0
0	×	×	×	×	1	1	1	1	1	1	1	1
×	1	×	×	×	1	1	1	1	1	1	1	1

译码器的每一路输出，实际上是地址码的一个最小项的反变量，利用其中一

部分输出端输出的与非关系，也就是它们相应最小项的或逻辑表达式，能方便地实现逻辑函数。

与数据选择器一样，利用使能端能够方便地将两个 3 线-8 线译码器组合成一个 4 线-16 线的译码器。

3. 全加器

74LS183 是一个双进位保留全加器，其中 A_n 和 B_n 分别为被加数和加数的数据输入端，C_n 是低位向本位进位的进位输入端，F_n 是和数输出端，FC_{n+1} 是本位向高位进位的输出端。逻辑方程是：

$$F_n = A_n \overline{B_n} \overline{C_n} + \overline{A_n} B_n \overline{C_n} + \overline{A_n} \overline{B_n} C_n + A_n B_n C_n \qquad (3\text{-}3\text{-}3)$$

$$FC_{n+1} = A_n B_n + A_n C_n + B_n C_n \qquad (3\text{-}3\text{-}4)$$

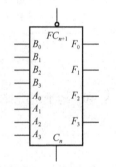

图 3-3-3　74LS283 逻辑符号

74LS283 是一个 4 位二进制超前进位全加器，其逻辑符号如图 3-3-3 所示，其中 A_3、A_2、A_1、A_0 和 B_3、B_2、B_1、B_0 分别是被加数和加数（两组 4 位二进制）的数据输入端，C_n 是低位器件向本器件最低位进位的进位输入端，F_3、F_2、F_1、F_0 是和数输入端，FC_{n+1} 是本器件最高位向高位器件进位的进位输出端。

二进制全加器可以进行多位连接使用，也可组成全减器、补码器或实现其他逻辑功能等电路。

日常习惯于进行十进制的运算，利用 4 位二进制全加器可以设计组成进行 NBCD 码的加法运算。在进行运算时，若两个相加数的和小于或等于 1001，NBCD 的加法与 4 位二进制加法结果相同，但若两个相加数的和大于或等于 1001，由于 4 位二进制码是逢 16 进 1 的，而 NBCD 码是逢 10 进 1 的，它们的进位数相差 6，因此 NBCD 加法运算电路必须进行校正，应在电路中插入一个校正网络，使电路在和数小于或等于 1001 时，校正网络不起作用（或加一个 0000 数），在和数大于或等于 1001 时，校正网络使此和数再加上一个 0110 数，从而达到实现 NBCD 码的加法运算的目的。

利用两个 4 位二进制全加器可以组成一个 1 位 NBCD 码全加器，该全加器应有进位输入端和进位输出端，电路由读者自行设计。

四、实验内容

（1）测试 74LS153 数据选择器的基本功能，将测得结果与表 3-3-1 进行比较。

（2）测试 74LS138 3 线-8 线译码器的基本功能，将测得结果与表 3-3-2 进行比较。

（3）测试 74LS283 4 位二进制全加器的逻辑功能，并测出表 3-3-3 中给出的数据。

表 3-3-3 实验任务 3

A_n		B_n		C_n		F_n	FC_{n+1}
0001	+	0001	+	1			
0111	+	0111	+	1			
1001	+	1001	+	0			
1111	+	1111	+	0			
1111	+	1111	+	0			

（4）使用 74LS153 数据选择器设计一个 1 位全加器，写出设计过程，并测试电路逻辑功能。电路设计参考图 3-3-4 所示电路。

（5）使用一个 3 线-8 线译码器和与非门设计一个 1 位二进制全减器，画出设计逻辑图，检测并记录电路功能。参考电路如图 3-3-5 所示。

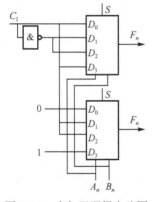

图 3-3-4 全加器逻辑电路图

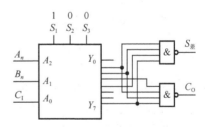

图 3-3-5 全减器逻辑电路图

（6）利用一只双 4 选 1 数据选择器和一只 2 输入端四与非门，设计一个具有 8 选 1 数据选择器功能的电路。参考电路如图 3-3-6 所示。

五、实验仪器与设备

（1）电子技术实验箱；

（2）数字万用表 3.74LS153、74LS138、74LS283、74LS00、74LS20 各一片。

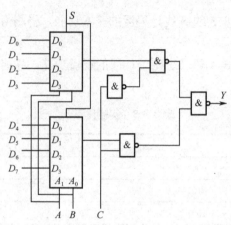

图 3-3-6　8 选 1 数据选择器逻辑电路图

六、实验报告要求

每个实验任务必须列出真值表，画出逻辑图，附有实验记录，并对结果进行分析。

实验四　集成触发器和利用 SSI 设计同步时序电路

一、实验目的

（1）掌握集成触发器的使用方法和逻辑功能的测试方法；
（2）掌握用 SSI 设计同步时序电路及其检测方法。

二、实验原理

触发器是具有记忆功能的二进制信息存储器件，是时序逻辑电路的基本器件之一。基本 RS 触发器由两个与非门交叉耦合而成，是 TTL 触发器的最基本组成部分，其逻辑符号如图 3-4-1 所示，它能够存储 1 位二进制信息，但存在 $\overline{R}+\overline{S}=1$ 个约束条件。

基本 RS 触发器的用途之一是作为无抖动开关。例如，在图 3-4-2（a）所示的电路中，通常希望在开关 S 闭合时 A 点电压的变化是从+5V 到 0V 的清楚跃迁，但是由于机械开关的接触抖动，往往在几十毫秒内电压会出现多次抖动，相当于连续出现了几个脉冲信号。显然，用这样的开关产生的信号直接作为电路的驱动信号可能导致电路产生错误动作，这在有些情况下是不允许的。为了消除开关的接触抖动，可在机械开关与驱动电路间接入一个基本 RS 触发器（如图 3-4-3 所示），使开关每扳动一次，A 点输出信号仅发生一次变化。通常把存在抖动的开关称为数据开关，把这种带 RS 触发器的无抖动的开关称为逻辑开关。

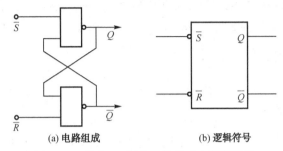

(a) 电路组成　　　　　　　　(b) 逻辑符号

图 3-4-1　基本 RS 触发器的组成和逻辑符号

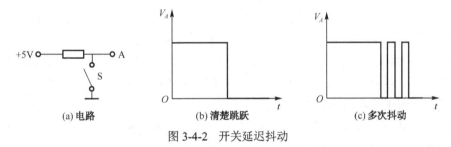

(a) 电路　　　　　(b) 清楚跳跃　　　　　(c) 多次抖动

图 3-4-2　开关延迟抖动

JK 触发器是一种逻辑功能完善、使用灵活、通用性较强的集成触发器，在结构上可分为两类：一类是主从结构触发器；另一类是边沿触发器。它们的逻辑符号如图 3-4-4 所示。

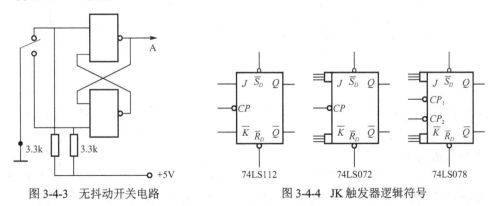

74LS112　　　　　74LS072　　　　　74LS078

图 3-4-3　无抖动开关电路　　　　　图 3-4-4　JK 触发器逻辑符号

触发器有三种输入端：第一种是直接置位复位端，用 S_D 和 R_D 表示，在 $\overline{S}_D$ =0（或 $\overline{R}_{D^-}$ =0）时，触发器将不受其他输入端所处状态影响，使触发器直接置 1（或置 0）；第二种是时钟输入端，用来控制触发器发生状态更新，用 CP 表示（在国家标准符号中称作控制输入端，用 C 表示）。框外若有小圈，表示触发器在时钟下降沿发生状态更新；若无小圈，则表示触发器在时钟的上升沿发生状态更新（原部标型号 74LS078 JK 触发器，含有 CP_1 和 CP_2 两个时钟脉冲输入端，通常应连在一起使用）；第三种是数据输入端，它是相互发器状态更新的依据，对于 JK 触发器，其状态方程为：$Q_{n+1} = J_n \overline{Q_n} + \overline{K_n} Q_n$。

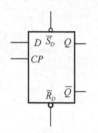

图 3-4-5　D 触发器逻辑符号

D 触发器是另一种使用广泛的集成触发器，74LS074 是一个双上升沿 D 触发器，逻辑符号如图 3-4-5 所示，其状态方程为：$Q_{n+1} = D_n$。

不同类型触发器对时钟信号和数据信号的要求各不相同。一般来说，边沿触发器要求数据信号超前于触发边沿一段时间出现（称之为建立时间），并且要求在边沿到来后再继续维持一段时间（称为保持时间）。对于触发边沿也有一定的要求（如通常要求小于 100ns 等）。主从触发器对上述时间参数要求不高，但要求在 $CP=1$ 期间外加的数据信号不允许发生变化，否则会出现工作不可靠现象。

触发器的应用范围很广，图 3-4-6 所示为实际应用的例子。它是同步模五加法计数器的逻辑图和工作波形图。

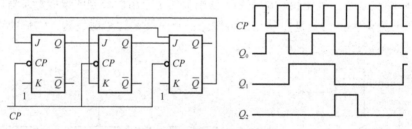

图 3-4-6　模五加法计数器

图 3-4-7 所示为同步时序电路设计流程图。其中主要有四个步骤，即：列出状态转换图或状态转换表；状态化简；状态分配；确定触发器控制输入方程。故这种方法又称四步法。

根据设计要求写出动作说明，列出动作转换图或状态转换表，这是整个逻辑设计中最困难的一步，设计者必须对所要解决的问题有较深入的理解，并运用一定的实际经验和技巧，才能描述出一个完整的、比较简单的状态转换图。

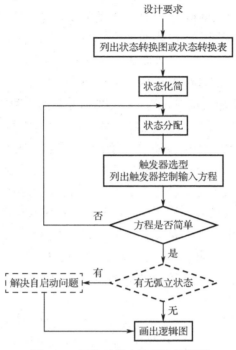

图 3-4-7　同步时序电路设计流程图

对于所设计的逻辑电路图，必须进行实验检测，只有实际电路符合设计要求，才能证明设计是正确的。

同步时序电路在设计和实验中有以下注意事项。

（1）在一个电路中应尽可能选用同一类型的触发器，若电路中必须使用两种或两种以上类型的触发器，各触发器对时钟脉冲的要求与响应应当一致。

（2）由于触发器的 R_D、S_D 和 CP 等输入端的输入电流是同类输入电流的 2～4 倍，在设计较复杂的电路时，必须考虑它们的前级电路对这些负载的驱动能力。必要时，可采用如图 3-4-8 所示的分支连接方法，在各支路中同时插入驱动门，既能增大驱动电流，又可使各负载上获得信号的相对时间偏移较少。

（3）同步时序电路是在时钟脉冲控制下动作的，电路的所有输入信号（包括外加的各种非同步输入信号或前级同步电路的输出信号）在时钟脉冲作用期间均应保

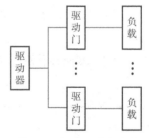

图 3-4-8　提高驱动能力的
连接方法

持不变。通常同步时序电路的输入与输出就是指在时钟作用期间的即时输入 X_n 和即时输入 Z_n，而在无时钟脉冲作用的任何期间内的输入与输出均不能称为即时

输入和即时输出。然而实际电路中，只要电路所处状态及有关输入满足输出条件，无论它是否在时钟作用期间，电路都有输出，但这时的输出并不是即时输出。为了获得即时输出的正确指示，应采取适当的措施。对于在时钟脉冲下降沿动作的同步时序电路，可以认定时钟正脉冲（$CP=1$）时作为时钟作用期间，那么只要使 CP 信号与上述的电路输出相与，就能得到即时输出的正确指示。

（4）设计的电路中包含 n 个触发器，那么电路就可能有 2^n 个状态。若电路实际使用状态数少于 2^n 个，那么必须对所有未使用状态（或称多于状态）逐个进行检查。观察电路一旦进入其中任意一个使用状态后，是否能经过若干个时钟脉冲返回到使用状态。如果不能，说明电路存在孤立状态，必须采取措施加以消除，以保证电路具有自启动能力。检查的方法是利用各级触发器的 S_D 和 R_D 段，把电路置于被检查的未使用状态，观察电路在时钟脉冲作用下状态转换的情况。

（5）电路的逻辑功能测试有静态和动态两种方法。

① 静态测试就是测试电路的状态转换真值表。测试时，时钟脉冲由逻辑开关提供，用发光二极管指示电路输出。

② 动态测试是指在时钟输入端输入一个方波信号，用双踪示波器观察电路各级的工作波形。在每次观察时应选用合适的信号从示波器的内触发信号的通道输入，并记录电路的工作波形。

三、实验内容

1. 基本 RS 触发器（74LS112 或 74LS078）的功能测试

按表 3-4-1 中的要求，改变 $\overline{S_D}$ 和 $\overline{R_D}$，观察和记录 Q 与 $\overline{Q}$ 的状态。并回答下列问题：

（1）触发器在实现 JK 触发器功能的正常工作状态时，$\overline{S_D}$ 和 $\overline{R_D}$ 应处于什么状态？

（2）欲使触发器状态 $Q=0$，对直接置位、复位端应如何操作？

表 3-4-1　基本 RS 触发器的功能测试

$\overline{S_D}$	$\overline{R_D}$	Q	$\overline{Q}$
1	1		
1	1→0		
1	0→1		
1→0	1		

续表

$\overline{S}_D$	$\overline{R}_D$	Q	$\overline{Q}$
0→1	1		
1→0	1→0		
1→0	1→0		
0→1	0→1		

2．JK 触发器（74LS112 或 74LS078）的功能测试

（1）按表 3-4-2 中的要求，测试并记录触发器的逻辑功能（表中 CP：0→1 和 1→0 表示一个时钟正脉冲的上升边沿和下降边沿，应由逻辑开关供给）。

（2）使触发器处于计数状态（$J=K=1$），CP 端输入 f=100kHz 的方波信号，记录 CP、Q 和 $\overline{Q}$ 的工作波形。根据波形回答下列问题：

① Q 状态更新发生在 CP 的哪个边沿？

② Q 与 CP 两信号的周期有何关系？

③ Q 与 $\overline{Q}$ 的关系如何？

表 3-4-2　JK 触发器的功能测试

J	K	CP	Q_{n+1}	
			$Q_n = 0$	$Q_n = 1$
0	0	0→1		
		1→0		
0	1	0→1		
		1→0		
1	0	0→1		
		1→0		
1	1	0→1		
		1→0		

3．D 触发器（74LS474 或 74LS076）的功能测试

（1）按表 3-4-3 中的要求测试并记录相互发生的逻辑功能。

（2）使触发器处于计数状态（$\overline{Q}$ 与 D 相连接），CP 端输入 f=100kHz 的方波信号，记录 CP、Q、$\overline{Q}$ 的工作波形。

表 3-4-3　D 触发器的功能测试

D	CP	Q_{n+1}	
		$Q_n = 0$	$Q_n = 1$
0	0→1		
	1→0		
1	0→1		
	1→0		

4. 使用 JK 触发器设计一个二进码五进制的同步减法计数器

（1）写出设计过程，画出逻辑图。

（2）测试并记录电路的状态转换真值表（包括非使用状态）。

（3）观察并记录时钟脉冲和各级触发器输出的工作波形（由于输出波形的不对称性，应特别注意测试方法，正确观察它们的时间关系）。

（4）二进码五进制同步减法计数器参考电路图 3-4-9。

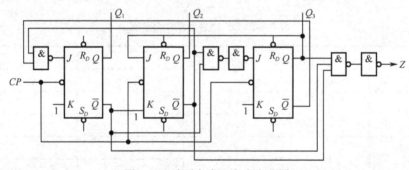

图 3-4-9　实验任务 4 参考电路图

四、实验仪器与设备

（1）电子技术实验箱；

（2）数字万用表；

（3）双踪示波器；

（4）74LS112 两片，74LS020、74LS000 各一片。

五、实验报告要求

（1）按任务要求记录实验数据，并回答提出的问题。

（2）写出任务的设计过程，画出逻辑图。

（3）数据记录力求表格化，波形图必须画在方格坐标纸上。

六、思考题

（1）为什么集成触发器的直接置位、复位端不允许出现 $\overline{S}+\overline{R}=0$ 的情况？

（2）用普通的机械开关组成的数据开关产生的信号是否能作为触发器的时钟脉冲信号？为什么？是否可用作触发器的其他输入端信号？又是为什么？

（3）什么是同步时序电路的即时输入和即时输出？

（4）一个 8-4-2-1 码的十进制同步加法计数器，它的进位输出信号在第几个时钟脉冲作用后出现 $Z_n=1$？在第 10 个时钟脉冲到来后，$Z_n=$？

实验五　触发器及其应用

一、实验目的

（1）掌握基本 RS、JK、D 和 T 触发器的逻辑功能；
（2）掌握集成触发器的逻辑功能及使用方法；
（3）熟悉触发器之间相互转换的方法。

二、预习要求

（1）复习有关触发器内容。
（2）列出各触发器功能测试表格。
（3）按实验内容 4、5 的要求设计线路，拟定实验方案。

三、实验原理

触发器具有两个稳定状态，用以表示逻辑状态“1”和“0”，在一定的外界信号作用下，可以从一个稳定状态翻转到另一个稳定状态，它是一个具有记忆功能的二进制信息存储器件，是构成各种时序电路的最基本逻辑单元。

1. 基本 RS 触发器

图 3-5-1 为由两个与非门交叉耦合构成的基本 RS 触发器，它是无时钟控制低电平直接触发的触发器。基本 RS 触发器具有置“0”、置“1”和“保持”三种功能。通常称 $\overline{S}$ 为置“1”端，因为 $\overline{S}=0$（$\overline{R}=1$）时触

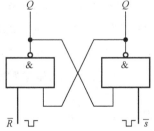

图 3-5-1　基本 RS 触发器

发器被置"1"；$\overline{R}$ 为置"0"端，因为 $\overline{R}$ =0（$\overline{S}$ =1）时触发器被置"0"，当 $\overline{S}$ = $\overline{R}$ =1 时状态保持；$\overline{S}$ = $\overline{R}$ =0 时触发器状态不定，应避免此种情况发生，表 3-5-1 为基本 RS 触发器的功能表。

基本 RS 触发器也可以由两个"或非门"组成，此时为高电平触发有效。

表 3-5-1　基本 RS 触发器的功能表

输　　入		输　　出	
$\overline{S}$	$\overline{R}$	Q^{n+1}	$\overline{Q}^{n+1}$
0	1	1	0
1	0	0	1
1	1	Q^n	$\overline{Q}^n$
0	0	ϕ	ϕ

2. JK 触发器

在输入信号为双端的情况下，JK 触发器是功能完善、使用灵活和通用性较强的一种触发器。本实验采用 74LS112 双 JK 触发器，它是下降边沿触发的边沿触发器。其引脚排列及逻辑符号如图 3-5-2 所示。

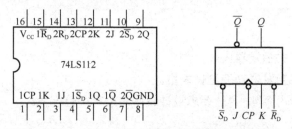

图 3-5-2　74LS112 双 JK 触发器引脚排列及逻辑符号

JK 触发器的状态方程为：

$$Q^{n+1}=J\overline{Q}^n+\overline{K}Q^n$$

J 和 K 是数据输入端，是触发器状态更新的依据，若 J、K 有两个或两个以上输入端时，组成"与"的关系。Q 与 $\overline{Q}$ 为两个互补输出端。通常把 Q=0、$\overline{Q}$=1 的状态定为触发器"0"状态；而把 Q=1，$\overline{Q}$=0 的状态定为"1"状态。

下降沿触发 JK 触发器的功能如表 3-5-2 所示。

表 3-5-2 下降沿触发 JK 触发器的功能表

输 入					输 出	
$\overline{S}_D$	$\overline{R}_D$	CP	J	K	Q^{n+1}	$\overline{Q}^{n+1}$
0	1	×	×	×	1	0
1	0	×	×	×	0	1
0	0	×	×	×	ϕ	ϕ
1	1	↓	0	0	Q^n	$\overline{Q}^n$
1	1	↓	1	0	1	0
1	1	↓	0	1	0	1
1	1	↓	1	1	$\overline{Q}^n$	Q^n
1	1	↑	×	×	Q^n	$\overline{Q}^n$

注：×—任意态；↓—高到低电平跳变；↑—低到高电平跳变；Q^n（$\overline{Q}^n$）—现态；Q^{n+1}（$\overline{Q}^{n+1}$）—次态；ϕ—不定态。

JK 触发器常被用作缓冲存储器，移位寄存器和计数器。

3．D 触发器

在输入信号为单端的情况下，D 触发器用起来最为方便，其状态方程为 $Q^{n+1}=D^n$，其输出状态的更新发生在 CP 脉冲的上升沿，故又称为上升沿触发的边沿触发器，触发器的状态只取决于时钟到来前 D 端的状态，D 触发器的应用很广，可用作数字信号的寄存、移位寄存、分频和波形发生等。有很多种型号可供各种用途的需要而选用。例如双 D 74LS74、四 D 74LS175、六 D 74LS174 等。

图 3-5-3 为双 D 74LS74 的引脚排列及逻辑符号，功能如表 3-5-3 所示。

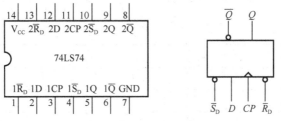

图 3-5-3　74LS74 引脚排列及逻辑符号

表 3-5-3　双 D 74LS74 的功能表

输　　入				输　　出	
$\overline{S}_D$	$\overline{R}_D$	CP	D	Q^{n+1}	$\overline{Q}^{n+1}$
0	1	×	×	1	0
1	0	×	×	0	1
0	0	×	×	ϕ	ϕ
1	1	↑	1	1	0
1	1	↑	0	0	1
1	1	↓	×	Q^n	$\overline{Q}^n$

4．触发器之间的相互转换

在集成触发器的产品中，每一种触发器都有自己固定的逻辑功能。但可以利用转换的方法获得具有其他功能的触发器。例如，将 JK 触发器的 J、K 两端连在一起，并认它为 T 端，就得到所需的 T 触发器。如图 3-5-4（a）所示，其状态方程为：$Q^{n+1}=T\overline{Q}^n+\overline{T}Q^n$。

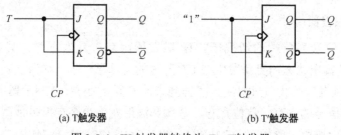

(a) T触发器　　　　　　　　　　(b) T′触发器

图 3-5-4　JK 触发器转换为 T、T'触发器

T 触发器的功能如表 3-5-4 所示。

表 3-5-4　T 触发器的功能表

输　　入				输　出
$\overline{S}_D$	$\overline{R}_D$	CP	T	Q^{n+1}
0	1	×	×	1
1	0	×	×	0
1	1	↓	0	Q^n
1	1	↓	1	$\overline{Q}^n$

由功能表可见，当 $T=0$ 时，时钟脉冲作用后，其状态保持不变；当 $T=1$ 时，

时钟脉冲作用后，触发器状态翻转。所以，若将 T 触发器的 T 端置 "1"，如图 3-5-4（b）所示，即得 T′触发器。在 T′触发器的 CP 端每来一个 CP 脉冲信号，触发器的状态就翻转一次，故称之为翻转触发器，广泛用于计数电路中。

同样，若将 D 触发器 $\overline{Q}$ 端与 D 端相连，便转换成 T′触发器，如图 3-5-5 所示。JK 触发器也可转换为 D 触发器，如图 3-3-6 所示。

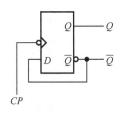 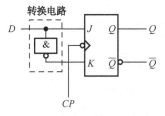

图 3-5-5　D 触发器转成 T′触发器　　　　图 3-5-6　JK 触发器转成 D 触发器

5. CMOS 触发器

1）CMOS 边沿型 D 触发器

CC4013 是由 CMOS 传输门构成的边沿型 D 触发器。它是上升沿触发的双 D 触发器，表 3-5-5 为其功能表，图 3-5-7 为其引脚排列。

表 3-5-5　CC4013 功能表

输　　入				输　　出
S	R	CP	D	Q^{n+1}
1	0	×	×	1
0	1	×	×	0
1	1	×	×	ϕ
0	0	↑	1	1
0	0	↑	0	0
0	0	↓	×	Q^n

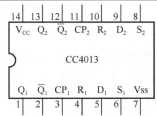

图 3-5-7　双上升沿 D 触发器引脚排列

2）CMOS 边沿型 JK 触发器

CC4027 是由 CMOS 传输门构成的边沿型 JK 触发器，它是上升沿触发的双 JK 触发器，表 3-5-6 为其功能表，图 3-5-8 为其引脚排列。

表 3-5-6

输　入					输　出
S	R	CP	J	K	Q^{n+1}
1	0	×	×	×	1
0	1	×	×	×	0
1	1	×	×	×	ϕ
0	0	↑	0	0	Q^n
0	0	↑	1	0	1
0	0	↑	0	1	0
0	0	↑	1	1	$\overline{Q}^n$
0	0	↓	×	×	Q^n

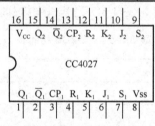

图 3-5-8　双上升沿 JK 触发器

CMOS 触发器的直接置位、复位输入端 S 和 R 是高电平有效，当 $S=1$（或 $R=1$）时，触发器将不受其他输入端所处状态的影响，使触发器直接接置 1（或置 0）。但直接置位、复位输入端 S 和 R 必须遵守 $RS=0$ 的约束条件。CMOS 触发器在按逻辑功能工作时，S 和 R 必须均置 0。

四、实验内容

1. 测试基本 RS 触发器的逻辑功能

如图 3-5-1 所示，用两个与非门组成基本 RS 触发器，输入端 $\overline{R}$、$\overline{S}$ 接逻辑开关的输出插口，输出端 Q、$\overline{Q}$ 接逻辑电平显示输入插口，按表 3-5-7 中的要求测试，记录之。

表 3-5-7　基本 RS 触发器逻辑功能测试

$\overline{R}$	$\overline{S}$	Q	$\overline{Q}$
1	1→0		
	0→1		
1→0	1		
0→1			
0	0		

2. 测试双 JK 触发器 74LS112 的逻辑功能

1）测试 $\overline{R}_D$、$\overline{S}_D$ 的复位、置位功能

任取一只 JK 触发器，$\overline{R}_D$、$\overline{S}_D$、J、K 端接逻辑开关输出插口，CP 端接单次脉冲源，Q、$\overline{Q}$ 端接至逻辑电平显示输入插口。要求改变 $\overline{R}_D$，$\overline{S}_D$（J、K、CP 处于任意状态），并在 $\overline{R}_D$=0（$\overline{S}_D$=1）或 $\overline{S}_D$=0（$\overline{R}_D$=1）作用期间任意改变 J、K 及 CP 的状态，观察 Q、$\overline{Q}$ 的状态。自拟表格并记录之。

2）测试 JK 触发器的逻辑功能

按表 3-5-8 的要求改变 J、K、CP 端的状态，观察 Q、$\overline{Q}$ 状态变化，观察触发器状态更新是否发生在 CP 脉冲的下降沿（即 CP 由 1→0），记录之。

3）将 JK 触发器的 J、K 端连在一起，构成 T 触发器。

在 CP 端输入 1Hz 连续脉冲，观察 Q 端的变化。

在 CP 端输入 1kHz 连续脉冲，用双踪示波器观察 CP、Q、$\overline{Q}$ 端波形，注意相位关系，描绘之。

表 3-5-8　JK 触发器的逻辑功能测试

J		K	CP	Q^{n+1}	
				Q^n=0	Q^n=1
0		0	0→1		
			1→0		
0		1	0→1		
			1→0		
1		0	0→1		
			1→0		

续表

J	K	CP	Q^{n+1}	
			$Q^n=0$	$Q^n=1$
1	1	0→1		
		1→0		

3. 测试双 D 触发器 74LS74 的逻辑功能

（1）测试 $\overline{R}_D$、$\overline{S}_D$ 的复位、置位功能。测试方法同实验内容 2 的 1），自拟表格记录。

（2）测试 D 触发器的逻辑功能。按表 3-5-9 中的要求进行测试，并观察触发器状态更新是否发生在 CP 脉冲的上升沿（即由 0→1），记录之。

表 3-5-9　双 D 触发器 74LS74 的逻辑功能测试

D	CP	Q^{n+1}	
		$Q^n=0$	$Q^n=1$
0	0→1		
	1→0		
1	0→1		
	1→0		

五、实验仪器与设备

（1）+5V 直流电源；

（2）双踪示波器；

（3）连续脉冲源；

（4）单次脉冲源；

（5）逻辑电平开关；

（6）逻辑电平显示器；

（7）74LS112（或 CC4027），74LS00（或 CC4011），74LS74（或 CC4013）。

六、实验报告

（1）列表整理各类触发器的逻辑功能。

（2）总结观察到的波形，说明触发器的触发方式。

（3）体会触发器的应用。

（4）利用普通的机械开关组成的数据开关所产生的信号是否可作为触发器的时钟脉冲信号？为什么？是否可以用作触发器的其他输入端的信号？又是为什么？

实验六　脉冲信号产生电路

一、实验目的

（1）掌握使用集成逻辑门、集成单稳态触发器和 555 时基电路设计脉冲信号产生电路的方法；

（2）掌握影响输出波形参数的定时元件数值的计算方法；

（3）熟悉使用信号源的计数功能测量脉冲信号周期 T 和脉宽 T_w 的方法。

二、预习要求

（1）了解信号源计数的基本测试原理；

（2）了解面板上各开关的作用和仪器的使用方法。

三、实验原理

数字电路中，经常使用矩形脉冲作为信号进行信息传送，或者作为时钟脉冲来控制和驱动电路，使各部分协调动作。获得矩形脉冲波的电路通常有两类：一类是自激多谐振荡器，它是不需要外加信号触发的矩形波发生器；另一类是它激多谐振荡器，在这类电路中，有的是单稳态触发器，它需要在外加触发信号作用下输出具有一定宽度的脉冲波；有的是整形电路（施密特触发器），它对外加输入的正弦波等波形进行整形，使电路输出矩形脉冲波。

1．利用与非门组成脉冲信号产生电路

与非门作为一个开关倒相器件，可用来构成各种脉冲波形的产生电路。电路的基本工作原理是利用电容器的充、放电，当输入电压达到与非门的阈值电压 V_T 时，门的输出状态即发生变化，因此电路中的阻容元件数值将直接与电路输出脉冲波形的参数有关。

1）组成自激多谐振荡器

由门组成的自激多谐振荡器有对称型振荡器、非对称型振荡器和环形振荡器等。图 3-6-1 所示为一种带有 RC 网络的环形振荡器。其中 R_0 为限流电阻，一般

取100Ω，受电路工作条件约束，要求$R \le 1k\Omega$，电路输出信号的周期T约等于$2.2RC$。

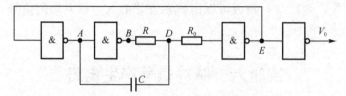

图 3-6-1　带有 RC 网络的环形振荡器

图 3-6-2 介绍了几种常用的晶体振荡器电路，其中图（a）和图（b）所示为 TTL 电路组成的晶体振荡电路；图（c）所示为由 CMOS 电路组成的晶体振荡电路，它是电子钟内用来产生秒脉冲信号的一种常用电路，其中晶体的$f_0 = 32768Hz$（即$2^{15}Hz$）。

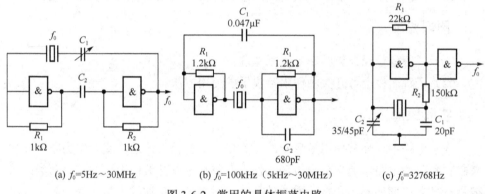

(a) $f_0 = 5Hz \sim 30MHz$　　(b) $f_0 = 100kHz（5kHz \sim 30MHz）$　　(c) $f_0 = 32768Hz$

图 3-6-2　常用的晶体振荡电路

2）组成单稳态触发器

图 3-6-3 所示为一种微分型单稳态触发器电路图。这种电路适用于触发脉冲宽度小于输出脉冲宽度的情况。稳态时要求G_2门处于截止状态（输出为高电平），故 R 必须小于 1kΩ。定时元件参数 RC 取值不同，通常 $t_w = (0.7 \sim 1.3)RC$。

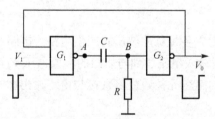

图 3-6-3　微分型单稳态触发器电路图

图 3-6-4 所示为一种积分形单稳态触发器电路图。这种电路适用于触发脉冲宽度大于输出脉冲宽度的情况。稳定条件要求$R \le 1k\Omega$。与微分型单稳态触发器相似，脉冲宽度的变化范围经实验证明 $t_w = (0.7 \sim 1.4)RC$。

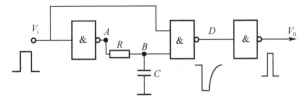

图 3-6-4　积分型单稳态触发器电路图

从电路分析可以知道，输出脉冲宽度和电路的恢复时间均与 RC 电路的充放电有关，因而电路的恢复时间较长。在实际工作中，要求触发脉冲（方波）的周期大于单稳态触发器输出脉冲宽度的两倍以上。

3）组成施密特触发器

图 3-6-5 所示为利用与非门组成的具有一定电位差的施密特触发器。由于目前已有多种具有施密特触发输入的集成器件，因此实际使用时直接选用这类器件即可。

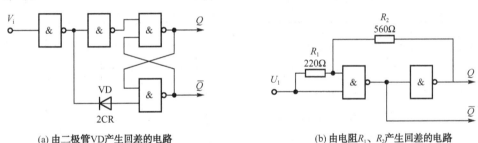

(a) 由二极管VD产生回差的电路　　　　　　　　　(b) 由电阻R_1、R_2产生回差的电路

(c) 由射极跟随器电阻R_3、R_4产生回差的电路

图 3-6-5　由集成门组成的施密特触发器

2. 集成单稳态触发器及其应用

集成单稳态触发器在没有触发信号输入时，电路输出 $Q=0$，电路处于稳态；

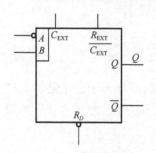

当输入端输入触发信号时，电路由稳态转入暂稳态，使输出 $Q=1$；待电路暂稳态结束，电路又自动返回到稳态 $Q=0$。在这一过程中，电路输出一个具有一定宽度的脉冲，其宽度与电路的外接定时元件 C_{ext} 和 R_{ext} 的数值有关。集成单稳态触发器有非重触发和可重触发两种，74LS123 是一种可双重触发的单稳态触发器，它的逻辑符号如图 3-6-6 所示，表 3-6-1 是它的功能表。在 $C_{ext}>1000pF$ 时，输出脉冲宽度 $t_W≈0.45R_{ext}C_{ext}$

图 3-6-6　74LS123 逻辑符号

表 3-6-1　74LS123 功能表

$\overline{R_D}$	$\overline{A}$	B	Q	$\overline{Q}$
0	×	×	0	1
×	1	×	0	1
×	×	0	0	1
1	0	↑	⎍	⎍
1	↓	1	⎍	⎍
↑	0	1	⎍	⎍

器件的可重触发功能是指在电路一旦被触发（即 $Q=1$），只要 Q 还未恢复到 0，电路就可以被输入脉冲重复触发，$Q=1$ 将继续延长，直至重复触发的最后一个触发脉冲到来后，再经过一个 t_W（该电路定时的脉冲宽度）时间，Q 才变为 0。

74LS123 的使用方法：

（1）有 A 和 B 两个输入端，A 为下降沿触发，B 为上升沿触发，只有出现 $AB=1$ 时电路才被触发；

（2）连接 Q 与 A 或 $\overline{Q}$ 与 B，可使器件变为非重触发单稳态触发器；

（3）$\overline{R_D}=0$ 时，使输出 Q 立即变为 0，可用来控制输出脉冲宽度；

（4）按图 3-6-7 连接电路，可组成一个矩形波信号发生器，利用开关 S 瞬时接地，使电路起振。

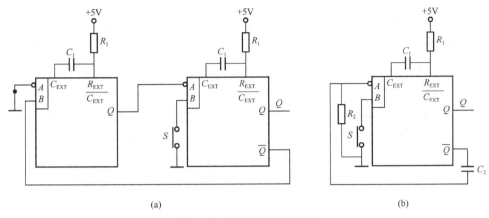

(a)   (b)

图 3-6-7 矩形波信号发生器

3．555 时基电路及其应用

555 时基电路是一种模拟集成电路，它的内部电路框图如图 3-6-8 所示。电路主要由两个高精度比较器 C_1、C_2 及一个 RS 触发器组成。比较器的参考电压分别是 $2/3V_{cc}$ 和 $1/3V_{cc}$，利用触发输入端 TR 输入一个小于 $1/3V_{cc}$ 信号，或者阈值输入端 TH 输入一个大于 $2/3V_{cc}$ 的信号，可以使 RS 触发器状态发生变换。CT 是控制输入端，可以外接输入电压，以改变比较器的参考电压值。在不接外加电压时，通常接 0.01μF 电容器到地。C_t 是放电输入端，当输出端的 $F=0$ 时，C_t 对地短路，当 $F=1$ 时，C_t 对地开路。R 是复位输入端。当 $R=0$ 时，输出端有 $F=0$。

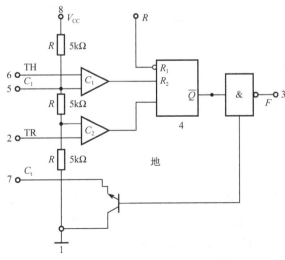

图 3-6-8 555 时基电路内部电路框图

器件的电源电压 V_{cc} 可以是-15V～+5V，输出的最大电流可达 200mA，当电源电压为+5V 时，电路输出与 TTL 电路兼容。555 电路能够输出从微秒级到小时级时间范围很广的信号。

1）组成单稳态触发器

555 电路按图 3-6-9 连接，即被连成一个单稳态触发器，其中 R，C 是外接定时元件，R_1，R_2 和 C_1 保证电路在没有输入信号触发时，触发输入端 TR 的电压大于 $1/3V_{cc}$，使电路处于稳态。此时输出端 F 为低电平，放电端 C_t 与地短路。在输入端加负向脉冲信号 v_i，驱动 TR 端使电路进入暂稳态，F 输出由低变高，同时 C_t 端呈高阻态。电源 V_{cc} 通过 R 向 C 充电，当 C 的电压上升到高于 $2/3V_{cc}$ 时，此时由于 TH 端大于 $2/3V_{cc}$，电路状态再次发生变化，C_t 端与地短路，C 通过 C_t 端迅速放电，F 输出由高变低，暂稳态结束，电路又恢复到稳态。单稳态触发器的输出脉冲宽度 t_w 约等于 $1.1RC$。注意：由 555 组成单稳态触发器时，要求输入脉冲低电平的宽度小于单稳态触发器输出正脉冲的宽度。

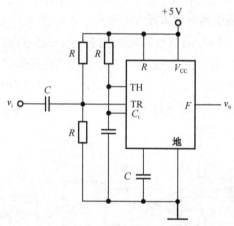

图 3-6-9　单稳态触发器电路

2）组成自激多谐振荡器

按图 3-6-10 连线，即可连成一个自激多谐振荡器电路，此电路与单稳态触发器的工作过程不同之处，是电路没有稳态，仅存在两个暂稳态，电路不需要外加触发信号，利用电源通过 R_1 和 R_2 向 C 充电，以及 C 通过 R_2 向放电端 C_t 放电，使电路产生振荡。输出信号的时间参数是：

$$T=T_1+T_2$$
$$T_1=0.7（R_1+R_2）C \qquad （正脉冲宽度）$$

$$T_2=0.7R_2C \qquad （负脉冲宽度）$$

$$T=0.7(R_1+2R_2)C$$

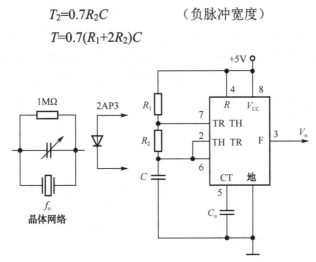

图 3-6-10　自激多谐振荡器电路

555 电路要求 R_1 与 R_2 均应≥1kΩ，但 R_1+R_2 应≤3.3MΩ。

在图 3-6-10 所示电路中接入部分元件，可以构成下述电路。

① 若在电阻 R_2 上并联一只二极管（2AP3），并取 $R_1≈R_2$，电路可以输出接近方波的信号。

② 在 C 与 R_2 连接点和 TR 与 TH 连接点之间的连接线上，串联一个如图 3-6-10 所示的晶体网络，电路便成为一个晶体振荡器。晶体网络中 1MΩ电阻器作直流通路用，并联电容用来微调振荡器的频率。只要选择 R_1，R_2 和 C，使在晶体网络接入之前，电路振荡在晶体的基频（或谐频）附近，接入网络后，电路就能输出一个频率等于晶体基频（或谐频）的稳定振荡信号。

3）组成施密特触发器

利用控制输入端 CT 接入一个稳定的直流电压。被变换的信号同时从 TR 和 TH 端输入，即可输出整形后的波形（电路的正向阈值电压与 CT 端电压相等，负向阈值电压是 CT 端电压的 1/2）。

四、实验内容

（1）使用 555 时基电路组成图 3-6-10 所示的电路，取 $R_1=R_2=4.7$kΩ，$C=C_0=0.01$μF。

① 用示波器观察并记录触发输入端 TR 和输出端 F 的工作波形，读出输出信号的周期 T 和正脉冲宽度 t_w 的值；

② 用信号源的计数功能测量与记录输出信号的 T 与 t_w 的值；

③ 将上述两种测试结果与理论计算值比较，分析实验误差。

（2）按图 3-6-11 所示电路连接，组成一个微分型单稳态触发器，其中 R_i=12kΩ，C_i=300pF，R=300Ω，C=0.047μF，当输入 1kHz 方波信号时，做如下内容：

① 观察并记录输入信号 u_i，输出信号 u_o 及 A，B，C，D 各点的工作波形，读出 u_o 的负脉冲宽度 t_w 的值；

② 用示波器读出 u_o 的负脉冲宽度 t_w 的值。

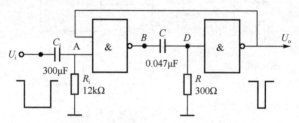

图 3-6-11　微分型单稳态触发实验电路

（3）使用集成单稳态触发器 74LS123 设计一个下降沿延迟电路，把任务 1 输出的矩形波下降沿延迟 20μs，并使输出的负脉冲宽度为 20μs。

① 画出设计电路图，取外接定时电容 C=0.01μF，计算电阻器阻值。

② 观察并记录输入、输出的工作波形。

③ 用通用计数器测量输出信号下降沿相对输入信号下降沿实际延迟时间和输出负脉冲的实际宽度。

五、实验仪器与设备

（1）电子技术实验箱；

（2）数字万用表；

（3）双踪示波器；

（4）74LS000、555 时基电路、74LS123 各一片。

六、实验报告要求

（1）写出设计计算过程，画出标有元件参数的实验电路图，并对测试结果进行分析（包括误差分析）；

（2）用方格坐标纸画出工作波形图，图中必须标出零电平线位置。

七、思考题

（1）任务 2 对图 3-6-11 所示电路中的 R_i 和 C_i 的值有什么要求？为什么？

（2）利用 555 时基电路设计制作一只触摸式开关定时控制器，每用手触摸一次，电路即输出一个正脉冲宽度为 10s 的信号，画出电路图并检测电路功能。

实验七　四路优先判决电路设计

一、实验目的

（1）掌握 D 触发器、与非门等数字逻辑基本电路原理及应用；

（2）提高分析故障及排除故障能力。

二、预习要求

（1）认真阅读本实验说明，分析电路工作原理。

（2）在图 3-7-1 中标注引脚号，拟定实验步骤。

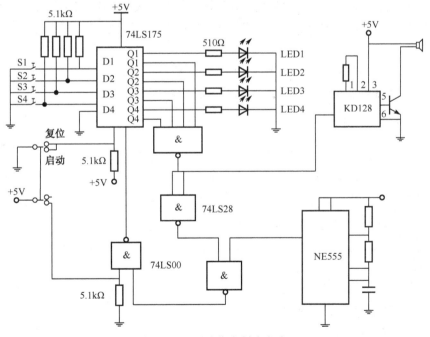

图 3-7-1　四路优先判决电路

三、电路设计要求

　　优先判决电路是通过逻辑电路判决哪一个预定状态优先发生的装置，可用于智力竞赛抢答及测试反应能力等。S1～S4 为抢答人所用按钮，LED1～LED4 为抢答成功显示，同时扬声器发声。

　　工作要求：

　　（1）控制开关在"复位"位置时，S1～S4 按下无效。

　　（2）控制开关打到"启动"位置时：

　　① S1～S4 无人按下时 LED 不亮，扬声器不发声；

　　② S1～S4 有一个按下时，对应 LED 亮，扬声器发声，其余 S 开关再按则无效。

　　（3）控制开关 Sc 打到"复位"时，电路恢复等待状态，准备下一次抢答。

　　（4）说明设计原理及逻辑关系。

四、实验内容

　　（1）按设计电路图正确接线，按预习拟定的实验步骤工作。

　　（2）按上述工作要求测试电路工作情况（至少 4 次，即 S1～S4 各优先一次）。

　　（3）对应预习原理分析电路工作状态并测试。如果电路工作不正常，自行研究排除。

　　附注：KD128 为门铃音乐集成电路，其 4 脚为高电平时发声，声音有"叮咚"等声，也可用其他音乐电路或蜂鸣器等作为声响元件。

五、实验仪器与设备

　　（1）电子技术实验箱；

　　（2）数字万用表；

　　（3）双踪示波器；

　　（4）74LS00、74LS20、74LS175、NE555 音乐片各一片。

六、实验报告要求

　　（1）说明设计原理及逻辑关系。

　　（2）说明实验方法及步骤。

　　（3）对实验结果进行分析。

实验八　简易数字闹钟电路综合设计

一、实验任务

使用中小规模集成电路设计与制作一台数字显示时、分、秒的闹钟，它应具有以下功能。

1. 能进行正常的时、分、秒计时功能

使用 6 个七段发光二极管显示时间。其中时位以 12 小时为计数周期，其计数序列应为 1，2，…，11，12，1，…。当时钟是 12 时 59 分 59 秒后，再计一个秒脉冲，时钟应显示 1 时 00 分 00 秒。电路还应有上午和下午的指示。

设计要求时的十位数应采取灭零措施，上、下午指示应与时十位合用一个数码管。

2. 能进行手动校时

利用两个单刀双掷开关分别对时位和分位进行校正。

校时位时，要求时位以每秒计 1 的速度循环计数。

校分位时，要求分位以每秒计 1 的速度循环计数。此时秒位计数应置 0，并且分位向时位的进位必须断开。

3. 能进行整点报时

要求发出仿中央人民广播电台的整点报时信号，即在 59 分 50 秒起每隔 2 秒发出一次低音的"嘟"信号（信号鸣叫持续时间 1s，间隙 1s）。连续发 5 次，到达整点时（即 00 分 00 秒时）再鸣叫一次高音的"哒"信号（信号持续时间仍为 1s）。因此，电路必须有两路信号输出，用来控制两种不同的音响信号输出（实验仅需输出两路控制信号，用发光二极管指示，不要求输出声响）。

二、设计说明与提示

（1）数码管显示的时位、分位和秒位之间用数码管的小数点隔开。当时钟处在校时位或校分位时，分别用时位或分位数码管的中间一个小数点点亮作为指示。

（2）秒脉冲信号的精确度决定了时钟走时的精确度。因此，电子钟内部通常使用石英晶体振荡器（参考电路如图 3-6-2 所示），产生精确的秒脉冲信号，信号的频率稳定度约为 10^{-5}。为了实验时调试方便，可以用脉冲信号发生器输出的方波信号代替。

（3）由于校正电路的引入，秒、分、时之间的进位不能直接连接，必须在中间插入一个校时网络。设计该网络时应注意：

① 不影响正常的进位功能；

② 注意校正结束时，开关的拨动不应导致加 1 的校时错误，尽可能减小各级计数器的进位信号的脉冲宽度，对防止出错是有利的；

③ 必须注意校正开关的抖动可能造成不良的影响，必要时采用无抖动开关。

数字闹钟电路工作原理框图如图 3-8-1 所示。

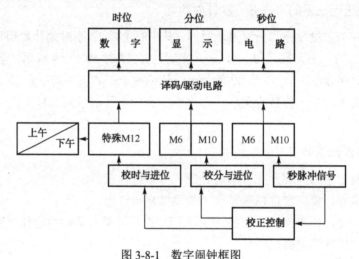

图 3-8-1　数字闹钟框图

第4章 仿 真 实 验

实验一 晶体管共发射极放大电路仿真

一、实验目的

（1）借助软件平台，通过实例分析更进一步理解静态工作点对放大器动态性能的影响；

（2）了解晶体管等器件的参数对放大电路的高频响应特性的影响；

（3）熟悉并掌握放大电路主要性能指标的测量与估算方法；

（4）了解并掌握用 PSpice 进行电路静态分析和动态性能分析的方法。

二、预习要求

（1）复习共射放大电路工作原理及高频响应特性与各参数的关系；

（2）熟悉用 PSpice 进行电路静态分析和动态性能分析的描述方法；

（3）了解利用 Probe 绘图曲线估算电路性能指标的方法。

三、实验原理

共射极放大电路的工作原理在第 2 章中已详述，这里不再过多重复。本实验电路如图 4-1-1 所示。电路的核心元件是晶体管，正确的直流电源电压数值、极性与其他电路参数保证晶体管工作在放大区，即建立起合适的静态工作点，保证电路不失真。输入信号应能有效地作用于有源元件的输入回路，即晶体管的 b-e 回路，输出信号能够作用于负载之上。

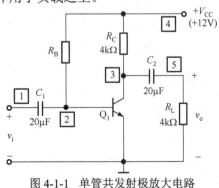

图 4-1-1 单管共发射极放大电路

四、实验内容

1. 共发射极放大电路的静态工作点对动态范围的影响

共发射极放大电路如图 4-1-1 所示。设晶体管的 $\beta=100$，$r_{bb}=80\Omega$。输入正弦信号，$f=1\text{kHz}$。

（1）调节 R_B 使 $I_{CQ}\approx1\text{mA}$，求此时输出电压 v_o 的动态范围。

（2）调节 R_B 使 $I_{CQ}\approx2.5\text{mA}$，求此时输出电压 v_o 的动态范围。

（3）为使 v_o 的动态范围最大，I_{CQ} 应为多少？此时 R_B 为何值？

2. 测量共射极放大器的高频参数

共发射极放大电路的原理图如图 4-1-2 所示。设晶体管的参数为：$\beta=100$，$r_{bb}=80\Omega$，$C_{b'c}=1.25\text{pF}$，$f_T=400\text{MHz}$，$V_A=\infty$。调节偏置电压 V_{BB} 使 $I_{CQ}\approx1\text{mA}$。

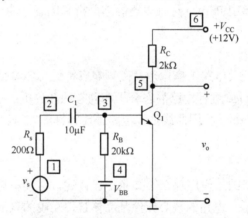

图 4-1-2　共发射极放大电路的原理图

（1）计算电路的上限截止频率 f_H 和中频增益；

（2）将 r_{bb} 改为 200Ω，其他参数不变，重复（1）中的计算；

（3）将 R_s 改为 $1\text{k}\Omega$，其他参数不变，重复（1）中的计算；

（4）将 $C_{b'c}$ 改为 4.5pF，其他参数不变，重复（1）中的计算。

五、参考网单文件及结论分析

（1）实验内容 1 的网单文件参考：

```
A   CE   AMP   1
C1  1    2    20U
RB  2    4    RMOD  1
```

```
*RB  2  4  450K              IC=2.5MA
*RB  2  4  562.5K            IC=2MA
*RB  2  4  1.128MEG          IC=1MA
RC  3  4  4K
Q1  3  2  0  MQ
VI  1  0  AC  1  SIN（0  80M  1K）
C2  3  5  20U
RL  5  0  4K
VCC  4  0  12
.MODEL  MQ  NPN  IS=1E-15  BF=100  RB=80
.MODEL  RMOD  RES（R=100K）
.DC  RES  RMOD（R）200K  1.5MEG  10K
.OP
.TRAN  1E-5  3E-2  2E-3  1E-5
.PROBE
.end
```

.   MΩ时，I_{CQ}=1mA，3，.END

注：电阻扫描需定义语句

```
RB  2  4  RMOD  1
.MODEL  RMOD  RES（R=100K）
.DC  RES  RMOD（R）  200K  1.5MEG  10K
```

分析如下。

运行.DC 语句，可获得 $I_C(Q_1)$-R_B 的曲线，如图 4-1-3 所示。从图中可测出，I_{CQ}=1mA、2.5mA 时，R_B 分别约为 1.128MΩ和 450kΩ。

① 当 R_B =1.1285Ω时，节点电压波形如图 4-1-4 所示。图中上面的一条水平直线代表 3 节点的直流电压 V_{CEQ}，约为 8V（从输出文件中可得到晶体管的静态工作点）。由图中可以看出，输出电压波形出现正半周限幅，即为截止失真，可测出其动态范围峰值约为 2V。

② 当 R_B=450kΩ，I_{CQ}=2.5mA 时，3、5 节点波形如图 4-1-5 所示。可见，输出电压波形出现负半周限幅，即为饱和失真，可测出其动态范围峰值约为 2V（此时 3 节点的直流电压 V_{CEQ} 约为 1.99V）。

③ 为使 v_o 的动态范围最大，应使 $I_{CQ}R_L' \approx V_{CEQ}-V_{CE(Sat)}$，即 $2I_{CQ} \approx 12-4I_{CQ}$（$I_{CQ} \approx 2$mA）。由图 4-1-6 可测出 $R_B \approx 562.5$kΩ。输出波形如图 4-1-6 所示，可见，动态范围峰值近于 4V。

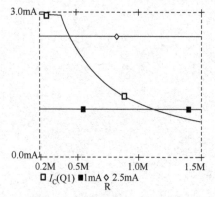

图 4-1-3　集电极电流 I_C 与电阻 R_B 的关系曲线

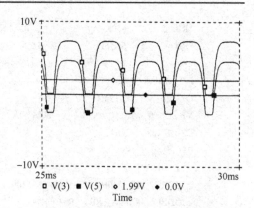

图 4-1-4　I_{CQ}=1mA 的输出电压波形

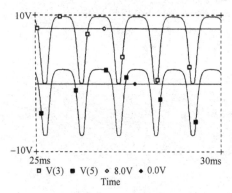

图 4-1-5　I_{CQ}=2.5mA 的输出电压波形

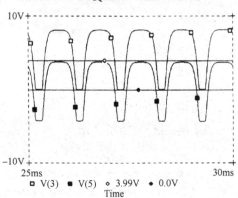

图 4-1-6　I_{CQ}=2mA 的输出电压波形

结果表明：

①　工作点偏低易产生截止失真，工作点偏高易产生饱和失真，安排合适的工作点可获得最大动态范围；

②　晶体管的参数与其直流工作点有关，放大电路的动态特性指标也与直流工作点密切相关，因此通常要求直流工作点设置合适而且稳定。

（2）实验内容 2 的网单文件参考：

```
A   CE  AMP   3
VS  1   0    AC   1
RS  1   2    200
C1  2   3    10U
RB  3   4    20K
VBB 4   0    0.92
Q1  5   3    0    MQ
RC  6   5    2K
```

```
VCC    6    0    12
.MODEL    MQ    NPN    IS=1E-15
+RB=80    CJC=2.5P    TF=3.7E-10    BF=100
.OP
.DC    VBB    0    2    0.01
*.AC    DEC    10    0.1    100MPG
.PROBE
.END
```

分析如下。

用直流扫描功能对电压源 V_{BB} 实行扫描，I_{CQ}-V_{BB} 曲线如图 4-1-7 所示。可以测出，当 V_{BB} =0.92V 时，I_{CQ} =1mA（由输出文件电路静态工作点可以确定出 V_{BB} 的精确值）。

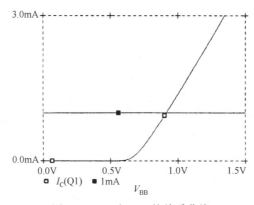

图 4-1-7　I_{CQ} 与 V_{BB} 的关系曲线

① 运行.AC 语句可得到电压增益 A_{VS} 的幅频特性曲线如图 4-1-8 中以符号"□"标示的曲线所示，可测出中频增益 A_{VS}≈70.4，f_H≈6.21MHz，因而 $G·BW$≈440.3MHz。

② 将 $r_{bb'}$ 由 80Ω 增加到 200Ω，其他参数不变，其 A_{VS} 的幅频特性曲线如图 4-1-8 中的符号"■"标示的曲线所示。

③ 将 R_s 由 200Ω 改为 1kΩ 时，其 A_{VS} 的幅频曲线如图 4-1-8 中的以符号"◇"标示的曲线所示。

④ 将 $C_{b'c}$ 由 1.25pF 增大到 4.5pF 时，A_{VS} 的幅频特性曲线如图 4-1-8 中的以符号"◆"标示的曲线所示。

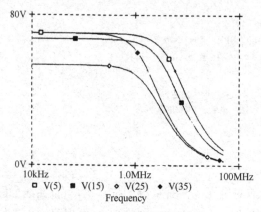

图 4-1-8　A_{VS} 的幅频特性曲线

六、实验仪器及设备

（1）计算机（装有 PSpice 集成环境）；

（2）操作系统 Windows 95 以上。

七、实验报告要求

（1）实验报告的书写要包括以下几部分内容：实验目的、实验原理、实验内容、实验步骤及方法、实验数据记录及处理、实验结论。

（2）本实验项目要求给出程序，简单画出仿真波形，并通过测量数据回答相关问题。

（3）根据实验结果，回答以下问题，并说明你通过此次实验有何感受。

① 工作点偏低、偏高会使放大电路的性能发生怎样的改变？要想获得最大动态范围，应如何做，如何做才能测出最大动态范围？

② 动态特性指标还与哪些因素有关？

③ 回答 $r_{bb'}$，$C_{b'c}$，R_s 对高频响应特性有怎样的影响。

实验二　差动放大电路仿真

一、实验目的

（1）了解对称差动放大器的基本特性，包括小信号差模特性和共模特性及提高共模抑制比 K_{CMR} 的方法；

（2）掌握 PSpice 对差分放大电路的性能描述方法。

二、预习要求

（1）复习差动放大电路的工作原理；

（2）复习差动放大电路硬件电路实验；

（3）计算本实验电路的各项技术指标。

三、实验原理

差动放大器又称为差分放大器，在直接耦合放大电路中它是抑制零点漂移的最有效的电路。差动管是一种完全对称的晶体管，它由两个元件参数相同的基本共射放大电路组成。电路具有两个输入端、两个输出端。信号分别从两管的基极和射极间输入，从两管的集电极之间输出。输出信号是随着两端输入信号之差变动的，所以称为差动放大器。

在差动放大电路中，无论电源电压波动或温度变化都会使两管的集电极电流和集电极电位发生相同的变化，相当于在两输入端加入共模信号。由于电路完全对称，使得共模输出为零，共模电压放大倍数为零，从而抑制了零点漂移。电路放大的只是差模信号。差动放大电路在零输入时具有零输出；静态时，温度有变化依然保持零输出，即消除了零点漂移。电路对共模输入信号无放大作用，即完全抑制了共模信号。可见差模电压放大倍数等于单管放大电路的电压放大倍数。差动电路用多一倍的元件为代价换来了对零漂的抑制能力。差动放大电路的具体工作原理在第 2 章中已详述，这里不再过多重复。

四、实验内容

差动放大电路如图 4-2-1 所示。设各管参数相同，$\beta=120$，$r_{bb'}=80\Omega$，$C_{b'c}=1pF$，$f_T=400MHz$，$V_A=50V$。输入正弦信号。

（1）设 $v_{i1}=-v_{i2}$（差模输入），求 $A_{vD1}=v_{o1}/(v_{i1}-v_{i2})$，$A_{vD2}=v_{o2}/(v_{i1}-v_{i2})$，$A_{vD}=(v_{o1}-v_{o2})/(v_{i1}-v_{i2})$ 的幅频特性，确定低频电压增益值及 f_H，观察 v_e 的值。

（2）设 $v_I=v_{i1}=v_{i2}$（共模输入），求 $A_{vC1}=v_{o1}/v_I$，$A_{vC2}=v_{o2}/v_I$，$A_{vC}=(v_{o1}-v_{o2})/v_I$ 的频响特性，确定其低频增益值，并观察 v_e 的值。

（3）求 $K_{CMR}=|A_{vD1}/A_{vC1}|$ 的频响特性，确定 K_{CMR} 的截止频率 f_H。

（4）设 $R_{E3}=0$，$R_2=0$，调节 R_1，保证 Q_1、Q_2、Q_3 的 I_{CQ} 不变，求此时 K_{CMR} 的频响特性。

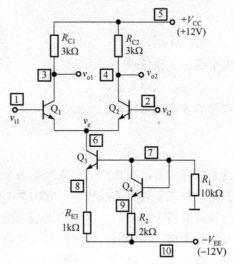

图 4-2-1　差动放大电路

五、参考网单文件及结论分析

（1）实验内容的网单文件参考：

```
A    DIFEERENTIAL    AMP    1
Q1      3   1   6   MQ
Q2      4   2   6   MQ
RC1   3   5   3K
RC2   4   5   3K
Q3      6   7   8   MQ
RE3   8   10   1K
Q4      7   7   9   MQ
R1      7   0   RMOD   1
R2      9   10   2K
VCC   5   0   12
VEE   10 0   -12
.MODEL   MQ   NPN   IS=1E-15 BF=120
+RB=80   CJC=2.4P   TF=3.6E-10 VAF=50
.MODEL   RMOD   RES（R=10K）
VI1      1   0   AC   1
VI2      2   0   AC   -1
.OP
*.DC   RES   RMOD（R）    5K   10K   10
.AC   DEC   10   1   1G
.PROBE
.END
```

（2）分析如下。

① 运行.AC 语句，得到图 4-2-2。下面的一条曲线是 $A_{VD1} = V(3)/V(1,2)$ 与 $A_{VD2}=V(4)/V(1,2)$ 的幅频特性曲线（两个曲线重合）。上面的一条曲线是 $A_{VD}=V(3,4)/V(1,2)$ 的幅频特性曲线。可见，差模输入时，双端输出的增益是单端输出增益的 2 倍。

② 电路的共模响应特性曲线如图 4-2-3 所示。上面的一条曲线是在共模输入电压作用下单端输出时的增益，下面的一条曲线是双端输出时的增益，由于电路对称性好，因此双端输出时的增益近似为零。Q_1，Q_2 射极输出响应特性曲线如图 4-2-4 所示。

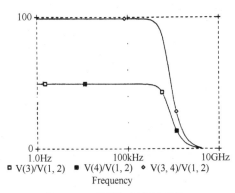

图 4-2-2 差模幅频特性曲线

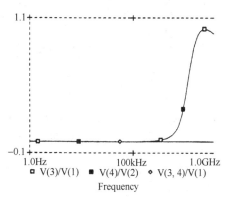

图 4-2-3 共模幅频特性曲线

计算共模抑制比 $K_{CMR}=|A_{vD1}/A_{vC1}|$ 的频响特性，即差模增益与共模增益的比。用两个子电路描述差模输入电路（X_1）和共模输入电路（X_2），其电路接法如图 4-2-5 所示。

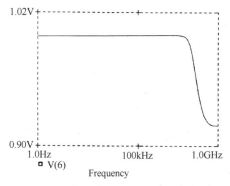

图 4-2-4 Q_1，Q_2 射极电压的共模特性曲线

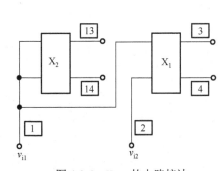

图 4-2-5 K_{CMR} 的电路接法

输入网单文件如下：

```
THE   KCMR  OF   A       AMP
.SUBCKT   AMP   1   2   5   10   3   4
Q1    3   1   6   MQ
Q2    4   2   6   MQ
RC1   3   5   3K
RC2   4   5   3K
Q3    6   7   8   MQ
RE3   8   10   1K
Q4    7   7   9   MQ
R1    7   0   10K
R2    9   10   2K
.ENDS
X1   1   2   5   10   3   4   AMP
X2   1   1   5   10   13   14   AMP
VCC   5   0   12
VEE   10   0   -12
.MODEL   MQ   NPN   IS=1E-15   BF=120
+RB=80 CJC=2.4P TF=3.6E-10   VAF=50
VI1    1   0   AC   1
VI2    0   2   AC   1
.OP
.AC   DEC   10   1   1G
.PROBE
.END
```

图 4-2-6 是 K_{CMR} 的幅频响应特性曲线。

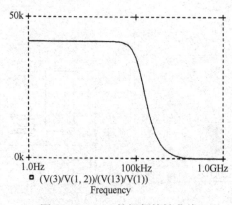

图 4-2-6　K_{CMR} 的幅频特性曲线

③ 设 $R_{E3}=0$，$R_2=0$，为了保证 $I_{CQ3}=1.83mA$ 不变，用电阻扫描方法（即运行.DC 语句）确定 R_1 应为 $7.35k\Omega$，如图 4-2-7 所示。此时得到的共模抑制比 K_{CMR} 频响

特性曲线如图 4-2-8 所示。可测出低频下 $K_{CMR}\approx60.88\text{dB}$，$f_H\approx877\text{kHz}$。可见，$R_{E3}$、$R_2$ 减小，恒流源的等效内阻下降，共模增益增加。所以 K_{CMR} 下降，而 f_{CMR} 增加。

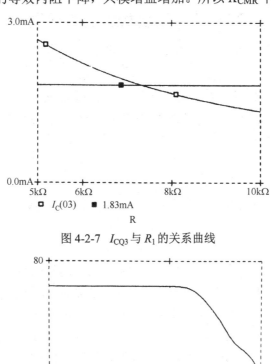

图 4-2-7　I_{CQ3} 与 R_1 的关系曲线

图 4-2-8　$R_2=0$、$R_{E3}=0$ 时的 K_{CMR} 幅频特性曲线

六、实验仪器及设备

（1）计算机（装有 PSpice 集成环境）；

（2）操作系统 Windows 95 以上。

七、实验报告要求

（1）实验报告的书写要包括以下几部分内容：实验目的、实验原理、实验内容、实验步骤及方法、实验数据记录及处理、实验结论。

（2）本实验项目要求给出程序，简单画出仿真波形。

（3）通过测量数据回答相关问题，并说明你通过此次实验有何感受。

实验三　组合放大电路仿真

一、实验目的

（1）进一步了解共射-共基组合放大电路的主要性能及特点；

（2）掌握用 PSpice 进行多级放大电路静态分析和动态性能分析的方法。

二、预习要求

（1）复习组合放大电路工作原理；

（2）复习组合放大电路电压放大倍数及输入、输出电阻估算方法。

三、实验原理

在大多数实际应用中，单管 BJT 组成的放大电路往往不能满足特定的增益、输入电阻、输出电阻等要求，为此，常把三种组态中的两种进行适当的组合，以便发挥各自的优点，获得更好的性能。组合放大电路总电压增益等于组成它的各级单管放大电路电压增益的乘积，前一级的输出电压是后一级的输入电压，后一级的输入电阻是前一级的负载电阻。本实验以一个共射-共基组合放大单元为例，实验组合放大电路性能，如图 4-3-1 所示。

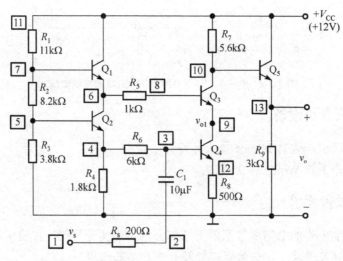

图 4-3-1　共射-共基组合放大电路

四、实验内容

图 4-3-1 是某集成电路的一个共射-共基组合放大单元。假设各管参数相同，$\beta=150$，$r_{bb'}=60\Omega$，$C_{b'c}=1pF$，$I_S=1\times10^{-16}A$，$f_T=400MHz$。

（1）做直流分析，求电路的静态工作点。

（2）做交流分析，求 $A_{VS1}=v_{o1}/v_s$，$A_{VS}=v_o/v_s$ 的幅频特性曲线。

（3）求电路的输入电阻和输出电阻。

五、参考网单文件及结论分析

（1）实验内容的网单文件参考：

```
A    MULTTI-STAGE    AMP    1
VS    1    0    AC    1
RS    1    2    200
C1    2    3    10U
R1    11    7    11K
Q1    11    7    6    MQ
R2    7    5    8.2K
R3    5    0    3.8K
Q2    6    5    4    MQ
R4    4    0    1.8K
R5    6    8    1K
R6    4    3    6K
R7    11    10    5.6K
Q3    10    8    9    MQ
Q4    9    3    12    MQ
R8    12    0    500
Q5    11    10    13    MQ
R9    13    0    3K
VCC    11    0    12
*VBB    3    0    2
*.DC    VBB    0    3.2    0.01
*COUNT    14    13    10U
*VOUT    14    0    AC    1
.MODEL    MQ NPN IS=1E-16  BF=150    RB=60    VJV=2P  TF=3.6E-10
.OP
.AC    DEC    10    1    100MEG
.PROBE
.END
```

（2）结论分析。

① 做直流分析，可在输出文件中得到静态工作点。

② 做小信号交流分析，$A_{VS1}=v_{o1}/v_s=V(9)/V(1)$ 的幅频特性曲线如图 4-3-2 所示，$A_{VS}=v_o/v_i=V(13)/V(1)$ 的幅频特性曲线如图 4-3-3 所示。可见，共射-共基组合电路与单级放大电路相比具有高频响应特性好、频带宽的优点。

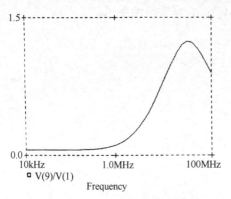

图 4-3-2　A_{VS1} 的幅频特性曲线

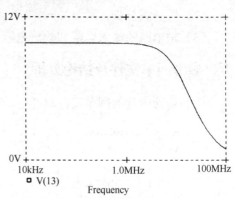

图 4-3-3　A_{VS} 的幅频特性曲线

（3）电路的输入阻抗的幅频特性曲线如图 4-3-4 所示。输出阻抗的幅频特性曲线如图 4-3-5 所示。

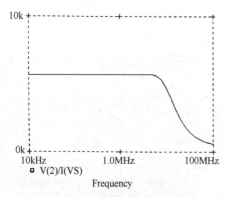

图 4-3-4　输入阻抗的幅频特性曲线

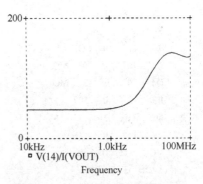

图 4-3-5　输出阻抗的幅频特性曲线

六、实验仪器及设备

（1）计算机（装有 PSpice 集成环境）；

（2）操作系统 Windows 95 以上。

七、实验报告要求

（1）实验报告的书写要包括以下几部分内容：实验目的、实验原理、实验内容、实验步骤及方法、实验数据记录及处理、实验结论。

（2）本实验项目要求给出程序，简单画出仿真波形。

（3）通过测量数据回答相关问题，并说明你通过此次实验有何感受。

实验四　负反馈放大电路仿真

一、实验目的

（1）通过实验来验证负反馈对放大电路的性能影响；

（2）掌握 PSpice 对负反馈放大电路的静态工作点、放大倍数、输入/输出电阻和频响的测量方法；

（3）掌握放大电路开环与闭环特性的测试方法。

二、预习要求

（1）复习负反馈的基本概念及工作原理；

（2）预习用 PSpice 进行电路频率特性分析的语句描述方法；

（3）熟悉反馈放大器所对应的基本放大器的等效原则。

三、实验原理

放大电路中采用负反馈，在降低放大倍数的同时，可使放大电路的某些性能大大改善。负反馈放大电路的工作原理在第 2 章中已详述，这里不再过多重复。在应用 PSpice 分析反馈对放大电路性能的影响时，需要将反馈放大电路分解成基本放大电路和反馈网络两部分，在分解时既要除去反馈，又要保留反馈网络对基本放大电路的负载效应。为了考虑反馈网络对基本放大电路输入端和输出端的负载效应，在画出基本放大电路时，应按以下两条法则进行。

1. 求输入电路

如果是电压反馈，则令 $V_o = 0$，即将输出端对地短路。

如果是电流反馈，则令 $I_o = 0$，即将输出回路开路。

2. 求输出电路

如果是并联反馈，则令 $V_i = 0$，即将输入端对地短路。

如果是串联反馈，则令 $I_i = 0$，即将输入回路开路。

本实验以电流并联负反馈放大电路为例进行分析计算。

四、实验内容

电流并联负反馈放大电路如图 4-4-1 所示，它由两级放大单元组成。输入信号电流为 i_i，输出信号电流为 $i_o = i_{C2}$。电阻 R_6、R_4 组成反馈网络，电流反馈系数 $F_i = i_f / i_o \approx -R_6 / (R_6 + R_4) \approx 0.244$。

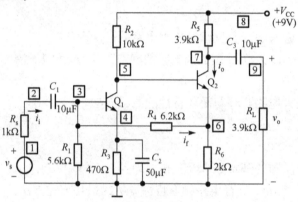

图 4-4-1　电流并联负反馈放大电路

为了把图 4-4-1 所示的反馈放大电路分解成基本放大电路和反馈网络两部分，根据前面所述的两条法则，可画出基本放大电路，如图 4-4-2 所示。图中直流电压 V_3、直流电流 I_{E2} 均是为保证直流工作点不变而加入的直流偏置，其数值可对反馈放大电路进行直流分析得到。

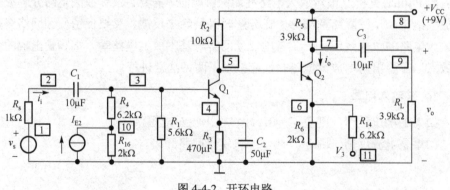

图 4-4-2　开环电路

求：（1）反馈放大电路的静态工作点；

（2）开环、闭环的增益及对应的频率响应特性，输入电阻、输出电阻。

五、参考网单文件及结论分析

1．实验内容的网单文件参考

```
A    FEEDBACK    AMP
VS    1    0    AC    1
*VS    1    0
RS    1    2    1K
C1    2    3    10U
Q1    5    3    4    MQ1
R1    3    0    5.6K
R2    5    8    10K
R3    4    0    470
C2    4    0    50U
Q2    7    5    6    MQ1
R4    3    6    6.2K
*R4    3    10    6.2K
*R16    10    0    2K
*IE2    0    10    1.214M
R5    7    8    3.9K
R6    6    0    2K
*R14    6    11    6.2K
*V3    11    0    0.9687
C3    7    9    10U
RL    9    0    3.9K
*VOUT    9    0    AC    1    ；注：在求输出电阻时，在输出端接入电压源，并使输入源为0
VCC    8    0    9
.MODEL    MQ1    NPN    IS=2.5E-15    BF=120    RB=70
+CJC=2P    TF=4E-10    VAF=80
.OP
.AC    DEC    10    10    100MEG
.PROBE
.END
```

2．结论分析

1）电路的直流工作点

通过输出文件可获得图 4-4-1 所示电路的静态工作点，其中 V_3=0.9687V，I_{EQ2}≈

1.21mA。

　　2）电路的主要性能指标的分析计算

　　（1）增益及其频响特性。图 4-4-3～图 4-4-6 分别为电路的开环电流、电压增益幅频特性曲线和闭环电流、电压增益幅频特性曲线。由图可测出中频开环电流增益 $A_{iM} = i_o / i_i$=271.7，上限截止频率 f_H≈251kHz，下限截止频率 f_L≈48.5Hz。中频开环源电压增益 $A_{VSM}=v_o/v_s$=176.6，上限截止频率 f_H≈636kHz，下限截止频率 f_L≈68.4Hz。中频闭环电流增益 A_{if}≈4.0，上限截止频率 f_{HF}=18.6kHz，下限截止频率 f_{LF}→0。中频闭环源电压增益 A_{VSF}≈7.58，上限截止频率 f_{HF}≈15.6MHz，下限截止频率 f_{LF}≈18.7Hz。

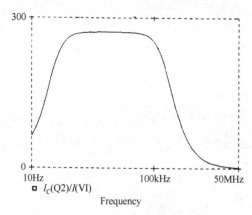

图 4-4-3　开环电流增益的幅频特性曲线

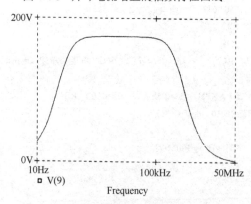

图 4-4-4　开环电压增益的幅频特性曲线

　　因为电流反馈系数 F_i≈$-R_6/(R_4+R_6)$≈−0.244，所以反馈深度 $D = 1+A_iF_i$≈1+271.7×0.244≈67.30。按方框图法，可计算闭环电流增益 $A_{if}=A_i/D$≈271.7/67.30≈4.04，这个

结果与对图 4-4-1 所示电路直接计算所得结果（见图 4-4-5）非常相近。闭环源电压增益 $A_{\mathrm{VSf}} = v_o/v_s = -i_oR'_L/[(R_S+R_{\mathrm{if}})i_i] = -A_{\mathrm{if}}R'_L/(R_S+R_{\mathrm{if}})$，输入电阻 R_{if} 由下面的分析获得，其值约为 30Ω，则 $|A_{\mathrm{VSf}}|\approx4.04\times(3.9//3.9)/(1+0.03)\approx7.65$（上面的计算忽略了 Q_2 的 r_{ce} 的影响），这个结果与对图 4-4-1 所示电路直接计算所得结果（见图 4-4-6）也很接近。

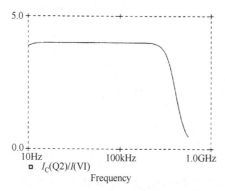

图 4-4-5 闭环电流增益的幅频特性曲线

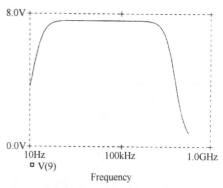

图 4-4-6 闭环电压增益的幅频特性曲线

（2）输入电阻。图 4-4-7 与图 4-4-8 分别为开环输入阻抗与闭环输入阻抗特性曲线。在中频区，开环输入电阻 $R_i\approx2.04\mathrm{k\Omega}$，闭环输入电阻 $R_{\mathrm{if}}\approx30.1\Omega$。按方框图法计算，闭环输入电阻 $R_{\mathrm{if}} = R_i/D = 2040/67.30\approx30.3\Omega$，其值与直接计算结果相近（见图 4-4-7）。可见电流并联负反馈使输入电阻下降（下降至开环输入电阻的 $1/D$）。

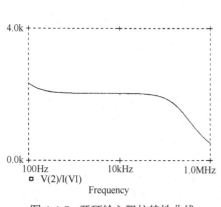

图 4-4-7 开环输入阻抗特性曲线

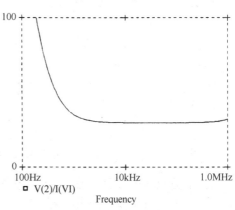

图 4-4-8 闭环输入阻抗特性曲线

（3）输出电阻。图 4-4-9 为开环输出阻抗特性曲线。其中图 4-4-9（a)是由晶体管 Q_2 集电极看进去的阻抗特性（不包括集电极电阻 R_5），中频下输出电阻 $R_0\approx993\mathrm{k\Omega}$，该值较大的原因是基本放大电路中 Q_2 射极下接有负反馈电阻 $R_6//R_{14}\approx$

1.51kΩ。图 4-4-9 （b)是从输出端往左看进去的输出阻抗特性，包括 R_5，中频下 $R_o≈3.888$kΩ，$R'_o=R_o//R_5≈R_5$。

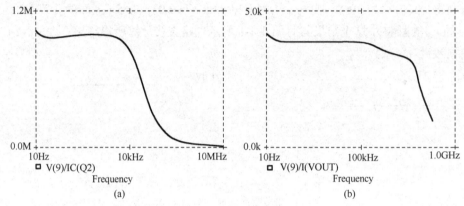

图 4-4-9　开环输出阻抗特性曲线

图 4-4-10 为闭环输出阻抗特性曲线。其中图 4-4-10（a）是晶体管 Q_2 集电极看进去的输出阻抗特性曲线，中频下输出电阻 $R_{of}≈6.31$MΩ。图 4-4-10（b）是从输出端往左看进去的输出阻抗特性曲线，中频 $R'_{of}≈3.90$kΩ，即 $R'_{of}= R_{of}// R_5≈R_5$。

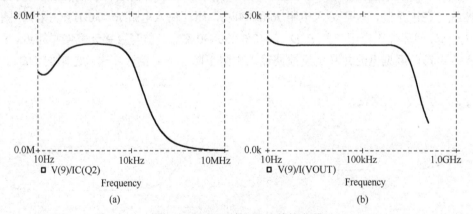

图 4-4-10　闭环输出阻抗特性曲线

由上面数据可看出，图 4-4-1 所示的电流并联负反馈，提高了从 Q_2 集电极看进去的输出电阻（稳定输出电流 i_o）。由于 $R_{of}≫R_5$，因此反馈放大电路的总输出电阻 $R'_{of}≈R_5≈3.9$kΩ。

六、实验仪器及设备

（1）计算机（装有 PSpice 集成环境）；

（2）操作系统 Windows 95 以上。

七、实验报告要求

（1）实验报告的书写要包括以下几部分内容：实验目的、实验原理、实验内容、实验步骤及方法、实验数据记录及处理、实验结论。

（2）本实验项目要求给出程序，简单画出仿真波形。

（3）通过测量数据回答以下问题，并说明你通过此次实验有何感受。

① 说明电流并联负反馈使电流增益如何变化。

② 说明电流并联负反馈使输入电阻如何变化。

③ 说明电流并联负反馈使输出电阻如何变化。

④ 说明电流并联负反馈的电流增益的频带如何变化。

⑤ 说明电流并联负反馈的电压增益如何变化。其变化的程度与哪些因素有关？

实验五　RC 正弦波振荡器仿真

一、实验目的

（1）熟悉并掌握 RC 振荡器的特性；

（2）掌握利用 PSpice 测量、调试振荡器。

二、预习要求

（1）复习 RC 桥式振荡电路的工作原理；

（2）复习 RC 正弦波振荡电路实验及相关结论。

三、实验原理

从结构上看，正弦波振荡器是没有输入信号的带选频网络的正反馈放大器。若用 R、C 元件组成选频网络，则称为 RC 振荡器，一般用来产生频率范围为 $1\sim 1MHz$ 的信号。RC 正弦波振荡器的工作原理在第 2 章中已详述，这里不再过多重复。

四、实验内容与步骤

设计一个 RC 振荡器。要求振荡频率 $f_0 =500Hz$，输出信号幅度>8V，非线性

失真系数 $D<4.0\%$。参考图 4-5-1 所示运放 μA741 和 RC 串并联选频网络组成的文氏电桥振荡器的电路原理图，设 $R_1=R_2=R$，$C_1=C_2=C$。

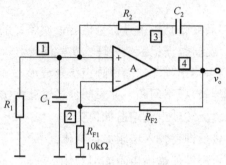

图 4-5-1　文氏电桥振荡电路

五、参考网单文件及结论分析

1. 实验内容的网单文件参考

```
awien bridge osc
R1        1     0    32K
C1        1     0    0.01U
R2        1     3    32K
C2        3     4    0.01U
RF1       2     0    10K
RF2       2     4    22K
XOP       1     2    11   12   4    UA741
.LIB      LINEAR.LIB
VCC       11    0    15
VEE       12    0    -15
*D1       4     5    D1N914
*D2       5     4    D1N914
*.LIB     DIODE.LIB
*RD       4     5    4.7K
*.MODEL   RMOD       RES(R=10K)
*.STEP    RES        RMOD(R)   17K      19K      0.5K
.TRAN     0.2M  20M  0    0.2M UIC
.FOUR     500        V(4)
.IC       V(1)=0.5
.OPTIONS  ITL5=0
.PROBE
.END
```

2．电路设计与分析

（1）振荡器的振荡条件是 $f_0=1/(2\pi RC)$，$R_{F2}>2R_{F1}$，现取 $C = 0.01\mu F$，则 $R\approx$ 32kΩ。另外，取 $R_{F1}=10$kΩ，则 $R_{F2}=22$kΩ（略大于 $2R_{F1}$），以便于起振。

对电路进行瞬态分析，输出电压波形如图 4-5-2 所示，可测得 $T_0=2.012$ms，所以 $f_0\approx497$Hz。可见波形失真较大，这是因为没有采取稳幅措施，运放工作进入饱和区的缘故。

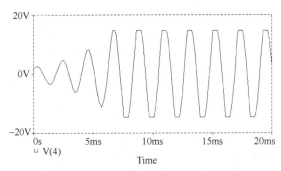

图 4-5-2 文氏电桥振荡电路输出电压波形

（2）为了保证电路正常起振和输出波形失真最小，电路需加上增益自动控制电路。图 4-5-3 是一个简单的二极管稳幅电路，即增加 VD$_1$、VD$_2$、R$_D$ 三个元件。这时需调节 R_{F2}，使得当刚起振时信号最小，二极管截止，负反馈函数 $F\approx R_{F1}/(R_{F1}+R_{F2}+R_D)$ 略大于 1/3，以满足起振条件。而当输出波形振幅较大时，二极管导通，负反馈系数 $F\approx R_{F1}/(R_{F1}+R_{F2})$ 增加，电压增益下降，达到限制振幅增长的目的。为此，电路输入网单文件中增加几条首字母为*号的语句（运行时要把*去掉）。通过瞬态波形分析，可得到稳幅后的输出波形，如图 4-5-4 所示。可见，$R_{F2}=19$kΩ时波形失真大。对 R_{F2} 分别为 17kΩ、17.5kΩ、18kΩ、18.5kΩ进行傅里叶分析，结果显示如下。

```
****      FOURIER ANALYSIS              TEMPERATURE = 27.000 DEG C
****      CURRENT STEP                  RMOD R = 17.0000E+03
     TOTAL HARMONIC DISTORTION = 3.144656E+00 PERCENT
****      CURRENT STEP                  RMOD R = 17.5000E+03
     TOTAL HARMONIC DISTORTION = 3.913424E+00 PERCENT
****      CURRENT STEP                  RMOD R = 18.0000E+03
     TOTAL HARMONIC DISTORTION = 3.579095E+00 PERCENT
****      CURRENT STEP                  RMOD R = 18.5000E+03
     TOTAL HARMONIC DISTORTION = 3.643059E+00 PERCENT
```

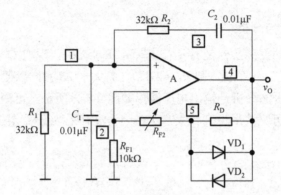

图 4-5-3 采用二极管稳幅的文氏桥振荡电路

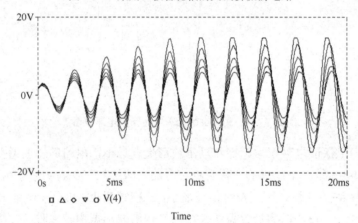

图 4-5-4 稳幅后 R_{F2}=17kΩ、17.5kΩ、18kΩ、18.5kΩ、19kΩ时的输出波形

可以看出，它们的谐波非线性失真系数 D 分别为3.14%、3.91%、3.57%、3.64%。可见，当 R_{F2} 取 17～18.5kΩ时谐波非线性失真都较小。而由输出文件中得知，R_{F2} 在 4 种阻值时的基波分量的电压分别为6.039V、7.527V、9.719V、13.28V。所以，R_{F2}≈18kΩ或 18.5kΩ时，输出波形失真较小，且幅度满足>8V 的要求。

六、实验仪器与设备

（1）计算机（装有 PSpice 集成环境）；

（2）操作系统 Windows 95 以上。

七、实验报告要求

（1）实验报告的书写要包括以下几部分内容：实验目的、实验原理、实验内容、实验步骤及方法、实验数据记录及处理、实验结论。

（2）本实验项目要求给出程序，简单画出仿真波形。

（3）通过测量数据回答相关问题，并说明你通过此次实验有何感受。

实验六　心电图信号放大器的设计（综合设计性）

一、实验目的

（1）了解电子电路自上而下的设计过程；

（2）掌握如何用 PSpice 对设计方案和具体电路进行分析。

二、设计任务

设计一个心电图信号放大器，具体指标如下：

（1）心电信号幅度在 50μV～5mV 之间，频率范围为 0.032～250Hz；

（2）人体内阻、检测电极板与皮肤的接触电阻（即信号源内阻）为几十千欧；

（3）放大器的输出电压最大值为-5～+5V。

三、实验原理

1. 确定总体设计目标

由第一个指标可知该放大器的输入信号属于微弱信号，所要求的放大器应具有较高的电压增益和低噪声、低漂移特性。由指标 2 可知，为了减轻微弱心电信号源的负载，放大器必须有很高的输入阻抗。另外，为了减小人体接收的空间电磁场的各种信号（即共模信号），要求放大器应具有较高的共模抑制比。因此，可考虑心电放大器的性能指标如下。

（1）差模电压增益：1000（5V/5mV）。

（2）差模输入阻抗：>10MΩ。

（3）共模抑制比：80dB。

（4）通频带：0.032～250Hz。

2. 方案设计

根据性能指标要求，要采用多级放大电路，其中前置放大器的设计决定了输入阻抗、共模抑制比和噪声，可选用 BiFET 型运放，本设计采用了 LF4111 型运放（其 $A_{vo}=4\times10^5$，$R_{id}\approx4\times10^{11}\Omega$，$A_{vc}=2$），由于单极同相放大器的共模抑制比无法达到设计要求（可通过 PSpice 仿真波形看出），本设计采用了由三个 LF411 型运放构成的医用放大器。

　　第二级放大器的任务是进一步提高放大电路的电压增益，使总增益达到 1000。另外，为了消除高、低噪声，需要设计一个带通滤波器。因为滤波器没有特殊要求，本设计可采用较简单的一阶高通滤波器和一阶低通滤波器构成的带通滤波器。

四、实验内容

　　（1）根据设计方案确定心电放大电路原理图，并计算出各指标的理论数值。
　　（2）编写原理图的网单文件，并仿真调试，验证本方案能否满足性能指标要求。

五、详细设计方案及仿真结论参考

1. 详细设计及理论指标计算

　　根据上述设计方案，确定了心电放大电路的原理图，如图 4-6-1 所示。A_1、A_2、A_3 及相应的电阻构成前置放大器，其差模增益被分配为 40，其中 A_1、A_2 构成的差放被分配为 16，其计算公式为：$A_{vd1}=(V_{o1}-V_{o2})/V_i=(R_1+R_2+R_3)/R_1$，$A_{vd2}=V_{o3}/(V_{o1}-V_{o2})=-R_6/R_4=1.6$。

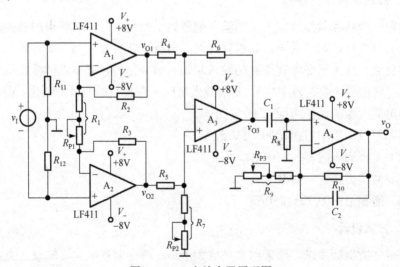

图 4-6-1　心电放大器原理图

　　为了避免输入端开路时放大器出现饱和状态，在两个输入端到地之间分别串联两个电阻 R_{11}、R_{22}，其取值很大，以满足差模输入阻抗的要求。第二级由 A_4 及相应的电阻、电容构成。在通带内，其被分配的差模增益应为（1000/40=25），即 $A_{vd3}=v_o/v_{o3}=1+R_{10}/R_9=25$，取 $R_9=1\text{k}\Omega$，$R_{10}=24\text{k}\Omega$。

C_1、R_8 构成高通滤波器，要求 $f_L=0.032\text{Hz}$。取 $R_8=1\text{M}\Omega$，则可算出 $C_1=4.58\mu\text{F}$，取标称值电容 $C_1=4.7\mu\text{F}$，算得 $f_L=1/（2\pi\times C_1\times R_8）=0.034\text{Hz}$。$C_2$、$R_{10}$ 构成低通滤波器，要求 $f_H=250\text{Hz}$。取 $R_{10}=24\text{k}\Omega$，可算出 $C_2=0.03316\mu\text{F}$，取标称值电容 $C_2=0.033\mu\text{F}$，最后算出 $f_H=1/（2\pi\times C_2\times R_{10}）=251.95\text{Hz}$。可见满足带宽要求。

2．计算机仿真调试

本调试要完成两个任务：①功能分析与指标测量；②参数灵敏度分析及容差分析。

由直流小信号分析（即.TF 语句）得到差模输入电阻为 $4\times10^7\Omega$，共模输入电阻为 $2\times10^7\Omega$。可见满足性能指标要求。

由幅频特性分析（.AC 语句）得到前置放大器的差模幅频特性曲线和共模幅频特性曲线如图 4-6-2 和图 4-6-3 所示。可测得差模增益 $A_{vd}=40$，频宽 $BW=345\,151\text{Hz}$，共模增益 $A_{vc}=7.95\times10^{-6}$。可见，共模抑制比为 $40/(7.95\times10^{-6})\approx5\times10^6=134\text{dB}$，满足性能指标要求。

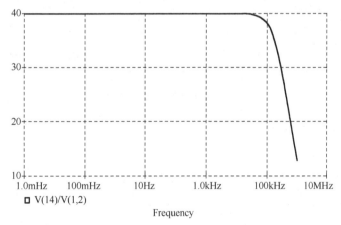

图 4-6-2　前置放大器的差模幅频特性曲线

由幅频特性分析得到第二级带通放大器的幅频特性曲线如图 4-6-4 所示，可测得 $A_v\approx25$，$f_L\approx0.032\text{Hz}$，$f_H=250\text{Hz}$。满足设计要求。

通过计算机仿真调试后，最后还应在实验板上搭建实际电路进行实验调试。具体调试方法和过程在实验课中解决，这里不再赘述。

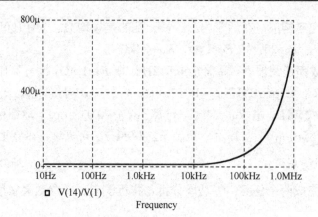

图 4-6-3　前置放大器的共模幅频特性曲线

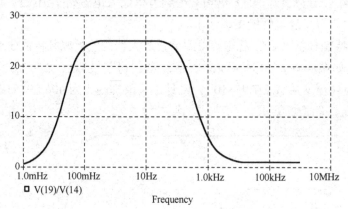

图 4-6-4　第二级带通放大器的幅频特性曲线

3. 参考网单文件

```
A     AMP
VI    1  2  AC  1
*VI1  1  0  AC  1
*VI2  2  0  AC  1
R11   1  0  20000000
R12   2  0  20000000
R1    3  5  2K
R2    3  6  24K
R3    5  7  24K
R4    6  13  10K
R5    7  12  10K
R6    13 14  16K
R7    12 0  16K
```

```
R8      17   0   1000000
R9      18   0   1K
R10     18   19  24K
C1      14   17  4.7U
C2      18   19  0.033U
X1      1  3  8  9  6 LF411
X2      2  5  10 11 7  LF411
X3      12  12  13  15  16  14  LF411
X4      17  18  20  21  18  19  LF411
Vc1     8   0   8
Ve1     9   0   -8
Vc2     10  0   8
Ve2     11  0   -8
Vc3     15  0   8
Vc4     20  0   8
Ve4     21  0   -8
.LIB   LINEAR.LIB
.AC    DEC   10 1.0m   1.0MEG
.TF    V（14）  VI
*.TF   V（14）  VI1
.PROBE
.END
```

六、实验报告要求

（1）实验报告的书写要包括以下几部分内容：实验目的、实验原理、实验内容、实验步骤及方法、实验数据记录及处理、实验结论。

（2）本实验项目要求给出程序，简单画出仿真波形。

（3）通过测量数据回答以下问题，并说明你通过此次实验有何感受。

① 改变通频带的下限频率和上限频率应调整什么器件的参数？其对放大倍数是否有影响？

② 如何用语句描述共模和差模信号？

附录 A　测量误差和测量数据处理的基本知识

被测量如果有一个真实值（简称真值），那么它由理论给定或由计量标准规定。在实际测量该被测量时，由于受到测量仪器精度、测量方法、环境条件或测量者能力等因素的限制，测量值与真值之间不可避免地存在差异。这种差异定义为测量误差。我们学习有关测量误差和测量数据处理知识的目的，就在于在实验中合理地选用测量仪器和测量方法，并对实验数据进行正确的分析、处理，以便获得符合误差要求的测量结果。

一、测量误差产生的原因及其分类

根据误差的性质及其产生的原因，测量误差分为以下三类。

1. 系统误差

在规定的测量条件下对同一量进行多次测量时，如果误差的数值保持恒定或按某种规律变化，则称这种误差为系统误差。例如，电表零点不准，温度、湿度、电源电压等变化造成的误差便属于系统误差。系统误差有一定的规律性，可以通过试验和分析找出原因，设法减弱和消除。

2. 偶然误差（又称随机误差）

在规定的测量条件下对同一量进行多次测量时，如果误差的数值发生不规则的变化，则称这种误差为偶然误差。例如，热骚动、外界干扰和测量人员感觉器官无规律的微小变化等引起的误差，便属于偶然误差。

尽管每次测量某量时其偶然误差的变化是不规律的，但是，实践证明，如果测量的次数足够多，则偶然误差平均值的极限就会趋向于零。所以，多次测量某量的结果，它的算术平均值接近于其值。

3. 过失误差（又称粗大误差）

过失误差是指在一定的测量条件下，测量值显著偏离真值的误差。从性质上来看，可能属于系统误差，也可能属于偶然误差。但是它的误差值一般都明显超过相同条件下的系统误差和偶然误差，如读错刻度、记错数字、计算错误及测量方法不对等引起的误差。通过分析，确认是过失误差的测量数据，应该予以剔除。

二、误差的各种表示方法

1. 绝对误差

如果用 x_0 表示被测量的真值，x 表示测量仪器的示值（标称值），那么绝对误差 Δx 为 $\Delta x = x - x_0$。

若将用高一级标准的测量仪器测得的数据作为被测量的真值，则在测量前，测量仪器应由该高一级标准的仪器进行校正。校正量常用修正值表示。对于某被测量，高一级标准的仪器的示值减去测量仪器的示值所得的值，就称为修正值。实际上，修正值就是绝对误差，仅仅它们的符号相反。例如，用某电流表测量电流时，电流表的示值为 10mA，修正值为 +0.04mA，则被测电流的真值为 10.04mA。

2. 相对误差

相对误差是绝对误差与被测真值的比值。用百分数表示，即：

$$\gamma = \frac{\Delta x}{x_0} \times 100\%$$

当 $\Delta x \ll x_0$ 时，$\gamma = \dfrac{\Delta x}{x} \times 100\%$。

例如，用频率计测量频率，频率计的示值为 500MHz，频率计的修正值为 -500Hz，则 $\gamma = \dfrac{500}{500 \times 10^6} \times 100\% = 0.0001\%$。

又如，用修正值为 -0.5Hz 的频率计测得频率为 500Hz，则：

$$\gamma = \frac{0.5}{500} \times 100\% = 0.1\%$$

从上述两个例子可以看到，尽管后者的相对误差远大于前者，但是前者的测量准确度实际上比后者高。

3. 容许误差（又称最大误差）

一般测量仪器的准确性常用容许误差表示。它是根据技术条件的要求规定某一类仪器的误差不应超过的最大范围。通常仪器（包括量具）技术说明书所标明的误差都是指容许误差。

在指针仪表中，容许误差就是满度相对误差 γ_m。定义为：

$$\gamma_m = \frac{\Delta x}{x_m} \times 100\%$$

式中，x_m 是表头满刻度读数。指针式表头的误差主要取决于它本身的结构和制造精度，而与被测量值的大小无关。因此，用上式表示的满度相对误差实际上是绝对误差与一个常数的比值。我国电工仪表的 γ_m 值分为 0.1、0.2、0.5、1.0、1.5、2.5 和 5 共 7 级。

例如，用一只满度为 150V、1.5V 级的电压表测量电压，其最大绝对误差为 150V×(±1.5%)= ±2.25V。若表头的示值为 100V，则被测电压的真值在 100±2.25=97.75～102.25（V）范围内；若示值为 10V，则被测电压真值在 7.75～12.25（V）范围内。

在无线电测量仪器中，容许误差分为基本误差和附加误差两类。

所谓基本误差，是指仪器在规定工作条件下在测量范围内出现的最大误差。规定工作条件又称为定标条件，影响因素一般包括环境条件（温度、湿度、大气压力、机械振动及冲击等）、电源条件（电源电压、电源频率、直流供电电压及纹波等）和预热时间、工作位置等。

所谓附加误差，是指定标条件的一项或几项发生变化时，仪器附加产生的误差。附加误差又分为两类：一类为使用条件（如温度、湿度、电源等）发生变化时产生的误差；另一类为被测对象参数（如频率、负载等）发生变化时产生的误差。

例如，DA22 型超高频毫伏表的基本误差为 1mV 挡小于±1%、3mV 挡小于±5%等；频率附加误差在 5kHz～500MHz 范围内小于±5%，在 500～1000MHz 范围内小于±30%；温度附加误差为每 10℃增加±2%（1mV 挡增加±5%）。

三、削弱和消除系统误差的主要措施

对于偶然误差和过失误差的消除方法，前面已做过简要介绍，这里只讨论消除系统误差的措施。

产生系统误差的原因如下。

1. 仪器误差

仪器误差是指仪器本身电气或机械等性能不完善所造成的误差。例如，仪器校准不好、定度不准等。消除方法是预先校准或确定其修正值，以便在测量结果中引入适当的补偿值来消除它。

2. 装置误差

装置误差是测量仪器和其他设备的放置不当或使用不正确，以及由于外界环境条件改变所造成的误差。为了消除这类误差，测量仪器的安放必须遵守使用规定（如三用表应水平放置）；电表之间必须远离，并注意避开过强的外部电磁影响等。

3．人身误差

人身误差是由测量者个人特点所引起的误差。例如，有人读指示刻度习惯超过或欠少、回路总不能调到真正谐振点上等。为了消除这类误差，应提高测量技能，改变不正确的测量习惯和改进测量方法等。

4．方法误差或理论误差

这由测量方法所依据的理论不够严格，或采用不适当的简化和近似公式等所引起的误差。例如，用伏安法测量电阻时，若直接将电压表的示值和电流表的示值之比作为测量的结果，而不计电表本身内阻的影响，就往往会引起不能容许的误差。

系统误差按其表现特性还可分为固定的和变化的两类：在一定条件下，多次重复测量时给出的误差是固定的，称为固定误差；给出的误差是变化的，称为变化误差。

对于固定误差，还可用一些专门的测量方法加以抵消。这里只介绍常用的替代法和正负误差抵消法。

1）替代法

在测量时，先对被测量进行测量，记录测量数据，然后用一已知标准量代替被测量，改变已知标准量的数值，使测量仪器恢复到原来记录的测量数值。这时已知标准量的数值就应是被测量的数值。由于两者的测量条件相同，因此可以消除包括仪器内部结构、各种外界因素和装置不完善等因素所引起的系统误差。

2）负误差抵消法

利用在相反的两种情况下分别进行测量，使两次测量所产生的误差等值而异号，然后取两次测量结果的平均值便可将误差抵消。例如，在有外磁场影响的场合测量电流值，可把电流表转动 180° 再测一次，取两次测量的平均值，就可以抵消外磁场影响而引起的误差。

四、一次测量时的误差估计

在许多工程测量中，通常对被测量只进行一次测量。这时，结果测量中可能出现的最大误差与测量方法有关。测量方法有直接法和间接法两类：直接法是指直接对被测量进行测量取得数据的方法；间接法是指通过测量与被测量有一定函数关系的其他量，然后换算得到被测量的方法。

当采用直读式仪器并按直接法进行测量时，其最大可能的测量误差就是仪器的容许误差。例如，前面提到的用满刻度为 150V、1.5 级指针式电压表测量电压时，若被测电压为 100V，则相对误差为：

$$\gamma = \frac{2.25}{100} \times 100\% = 2.25\%$$

若被测量为 10V，则相对误差为：

$$\gamma = \frac{2.25}{100} \times 100\% = 22.5\%$$

因此，为提高测量准确度，减小测量误差，应使被测量出现在接近满刻度区域。

当采用间接法进行测量时，应先用直接法估计出直接测量的各量的最大可能误差，然后根据函数关系找出被测量的最大可能误差。下面举例说明。

例 A-1

$$x = A^m B^n C^p$$

式中，x 为被测量，A、B、C 为直接测得的各量，m、n、p 为正或负的整数或分数。为了求得误差之间的关系式，将上式两边取对数：

$$\lg x = m\lg A + n\lg B + p\lg C$$

再进行微分：

$$\frac{\mathrm{d}x}{x} = m\frac{\mathrm{d}A}{A} + n\frac{\mathrm{d}B}{B} + p\frac{\mathrm{d}C}{C}$$

将上式微变，近似用增量代替：

$$\frac{\Delta x}{x} = m\frac{\Delta A}{A} + n\frac{\Delta B}{B} + p\frac{\Delta C}{C}$$

即

$$\gamma_x = m\gamma_A + n\gamma_B + p\gamma_C$$

式中，A、B、C 各量的相对误差 γ_A、γ_B、γ_C 可能为正或为负，因此在求 x 的最大可能误差 γ_x 时，应取其最不利的情况，即使 γ_x 的绝对值达到最大。

例 A-2

$$x = A \pm B$$

则

$$x + \Delta x = (A + \Delta A) \pm (B + \Delta B)$$

因此

$$\Delta x = \Delta A + \Delta B$$

该式说明，无论 x 等于 A 与 B 的和或差，x 的最大可能绝对误差都等于 A、B 的最大误差的算术和。这时欲求的相对误差为：

$$\gamma_x = \frac{\Delta x}{x} = \frac{\Delta A + \Delta B}{A + B}$$

必须指出，当 $x = A-B$ 时，如果 A、B 两量很接近，相对误差就可能达到很大的数值。所以，在选择测量方法时，应尽量避免用两个量之差来求第三量。

根据上述两个例子，间接法测量的误差估计可归纳为表 A-1 所示的计算公式。

表 A-1　间接法测量的误差估计的计算公式

函 数 关 系 式	绝 对 误 差	相 对 误 差
$x=A+B$	$\Delta x = \Delta A + \Delta B$	$\dfrac{\Delta x}{x} = \dfrac{\Delta A + \Delta B}{A + B}$
$x=A-B$	$\Delta x = \Delta A + \Delta B$	$\dfrac{\Delta x}{x} = \dfrac{\Delta A + \Delta B}{A - B}$
$x = A \cdot B$	$\Delta x = A \cdot \Delta A + B \cdot \Delta B$	$\dfrac{\Delta x}{x} = \dfrac{\Delta A}{A} + \dfrac{\Delta B}{B}$
$x = A/B$	$\Delta x = \dfrac{A \cdot \Delta B + B \cdot \Delta A}{B^2}$	$\dfrac{\Delta x}{x} = \dfrac{\Delta A}{A} + \dfrac{\Delta B}{B}$
$x = kA$	$\Delta x = k \cdot \Delta A$	$\dfrac{\Delta x}{x} = \dfrac{\Delta A}{A}$
$x = A^k$	$\Delta x = kA^{k-1}\Delta A$	$\dfrac{\Delta x}{x} = k\dfrac{\Delta A}{A}$

五、测量数据的处理

1．有效数字的概念

在记录和计算数据时，必须掌握对有效数字的正确取舍。不能认为一个数据中小数点后面的位数越多，这个数据就越准确；也不能认为计算测量结果中保留的位数越多，准确度就越高。因为测量所得的结果都是近似值，这些近似值通常都用有效数字的形式来表示。所谓有效数字，是指左边第一个非零的数字开始直到右边最后一个数字为止所包含的数字。例如，测得的频率为 0.0234MHz，它是由 2、3、4 三个有效数字表示的频率值。在其左边的两个"0"不是有效数字，因为它可以通过单位变换写成 23.4kHz。其中末位数字"4"，通常是在测量读数时估计出来的，因此称它为"欠准"数字。准确数字和欠准数字对测量结果都是不可少的，它们都是有效数字。

2．有效数字的正确表示

（1）有效数字中，只应保留一个欠准数字。因此，在记取测量数据中，只有最后一位有效数字是"欠准"数字，这样记录的数据表明被测量可能在最后一位数字上变化±1 个单位。例如，用一只刻度为 50 分度、量程为 50V 的电压表测得的电压为 41.6V，则该电压是用三位有效数字来表示的，4 和 1 两个数字是准确的，而 6 是欠准的。因为它是根据最小刻度估计出来的，它可能被估读为 7，所以测量结果也可以表示为(41.6±0.1)V。

（2）欠准数字中，要特别注意"0"的情况。例如，测量某电阻的数值为 13.600kΩ，表明前面 4 个位数 1、3、6、0 是准确数字，最后一个位数 0 是欠准数字。如果改写成 13.6kΩ，则表明前面两个位数 1、3 是准确数字，最后一个位数 6 是欠准数字。这两种写法，尽管表示同一数值，但实际上反映了不同的测量准确度。

如果用"10"的方幂来表示一个数据，10 的方幂前面的数据都是有效数字。例如，写成 $136.60 \times 10^3 \Omega$，则表明它的有效数字为 4 位。

（3）对于 π、$\sqrt{2}$ 等常数具有无限位数的有效数字，在运算时，可根据需要取适当的位数。

3．有效数字的处理

对于计量测定或通过各种计算获得的数据，在所规定的精确度范围以外的那些数字，一般都应该按照"四舍五入"的规则进行处理。

如果只取 n 位有效数字，那么第 $n+1$ 位及其以后各位的数字都应该舍去。如果采用古典的"四舍五入"法则，对于 $n+1$ 位为"5"的数字则都只入不舍，这样就会产生较大的累计误差。目前广泛采用的"四舍五入"法则对 5 的处理是：当被舍的数字等于 5，而 5 之后有数字时，则可舍 5 进 1；若 5 之后无数字或为 0 时，只有在 5 之前为奇数时才能舍 5 进 1，如果 5 之前为偶数（包括零）则舍 5 不进位。

下面是把有效数字保留到小数点后第二位的几个例子：

$$73.9504 \longrightarrow 73.95$$
$$3.22681 \longrightarrow 3.23$$
$$523.745 \longrightarrow 523.74$$
$$617.995 \longrightarrow 618.00$$
$$89.9251 \longrightarrow 89.93$$

4．有效数字的运算

1）加、减运算

由于参加加减运算的各数据必为相同单位的同一物理量，因此其精度最差的就是小数点后面有效数字位数最少的。因此，在进行运算前应将各数据所保留的小数点后的位数处理成与精度最差的数据相同，再进行运算。

例如，求 214.75、32.945、0.015、4.305 四项之和：

$$
\begin{array}{r}
214.75 \longrightarrow 214.75 \\
32.945 \longrightarrow 32.94 \\
0.015 \longrightarrow 0.02 \\
+)\quad 4.305 \longrightarrow 4.30 \\
\hline
252.01
\end{array}
$$

2）乘、除运算

运算前对各数据的处理应以有效数字位数最少的为标准，所得积和商的有效数字应与有效数字最少的那个数据相同。

例如，问 $0.0121 \times 25.645 \times 1.05782 = ?$

其中 0.0121 为三位有效数字，位数最少，所以应对另两个数据进行处理：

$$25.645 \longrightarrow 25.6$$
$$1.05782 \longrightarrow 1.06$$

所以，

$$0.0121 \times 25.6 \times 1.06 = 0.32834560 \longrightarrow 0.328$$

若有效数字位数最少的数据中，其第一位数为 8 或 9，则有效数字位数应多记一位。例如，上例中 0.0121 若改为 0.0921，则另外两个数据应取 4 位有效数字，即

$$25.645 \longrightarrow 25.64$$
$$1.05782 \longrightarrow 1.058$$

附录 B　常用电路元件、器件型号及其主要性能指标

一、电阻器

1. 电阻器和电位器的型号命名法

电阻器和电位器的型号命名法如表 B-1 所示。

表 B-1　电阻器和电位器的型号命名法

第一部分：主称		第二部分：材料		第三部分：特征			第四部分
用字母表示主称		用字母表示材料		用数字或字母表示分类			用数字表示序号
符　号	意　义	符　号	意　义	符　号	意　义		
					电阻器	电位器	
R	电阻器	T	碳膜	1	普通	普通	
W	电位器	P	硼碳膜	2	普通	普通	
		U	硅碳膜	3	超高频	—	
		H	合成膜	4	高阻	—	
		I	玻璃釉膜	5	高温	—	
		J	金属膜（箔）	6	—	—	
		Y	氧化膜	7	精密	精密	
		S	有机实心	8	高压	特殊函数	
		N	无机实心	9	特殊	特殊	
		X	线绕	G	高功率	—	
		R	热敏	T	可调	—	
		G	光敏	W	—	微调	
		M	压敏	D	—	多调	
				B	温度补偿用	—	
				C	温度测量用	—	
				P	旁热式	—	
				W	稳压式	—	
				Z	正温度系数	—	

2. 电阻器的主要特性指标

1）额定功率

额定功率共分 19 个等级，其中常用的有下列几种：

$$\frac{1}{20}\text{W} \quad \frac{1}{8}\text{W} \quad \frac{1}{4}\text{W} \quad \frac{1}{2}\text{W} \quad 1\text{W} \quad 2\text{W} \quad 4\text{W} \quad 5\text{W} \quad \cdots$$

2）容许误差等级和标称阻值

（1）容许误差等级如表 B-2 所示。

表 B-2　容许误差等级

容 许 误 差	±0.05%	±1%	±5%	±10%	±20%
等　　级	005	01	I	II	III

（2）标称阻值系列如表 B-3 所示。任何固定式电阻器的标称阻值都应符合表列数值和表列数值乘以 10^n，其中 n 为正整数或负整数。

表 B-3　标称阻值系列

容许误差	系列代号	系　列　值
±20%	E6	1.0　　1.6　　2.2　　3.3　　4.7　　6.8
±10%	E12	1.0　1.2　1.5　1.8　2.2　2.7　3.3　3.9　4.7　5.6　6.8　8.2
±5%	E24	1.0 1.1 1.2 1.3 1.5 1.6 1.8 2.0 2.2 2.4 2.7 3.0 3.3 3.6 3.9 4.3 4.7 5.1 5.6 6.2 6.8 7.5 8.2 9.1

电阻器的阻值和误差，一般都用数字印在电阻器上，但体积很小和一些合成电阻器，其阻值和误差常以色环来表示，如图 B-1 所示。靠近一端画有四道色环：第 1、2 色环分别表示第一、第二两位数字，第 3 色环表示再乘以 10 的方次，第 4 色环表示阻值的容许误差。

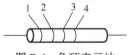

图 B-1　色环表示法

表 B-4 列出了色环所代表的含义。

表 B-4　电阻的色环所代表的含义

色　别	黑	棕	红	橙	黄	绿	兰	紫	灰	白	金	银	本色
对应数值	0	1	2	3	4	5	6	7	8	9			
误　差											±5%	±10%	±20%

为了熟悉电阻器的命名和对其特性的了解，举例说明如下：

R	J	7	1	0.125	5.1k	I
主称	材料	分类	序号	功率	标称阻值	容许误差
电阻器	金属膜	精密		$\frac{1}{8}$W	5.1kΩ	I 级±5%

由标号可知，它是精密金属膜电阻器，额定功率为 $\frac{1}{8}$W，标称阻值为 5.1kΩ，容许误差为±5%。表 B-5 列出了一些常用电阻器的主要特性。

表 B-5　常用电阻器的主要特性

名称和符号	额定功率（W）	标称阻值范围（Ω）	温度系数（℃）	运用频率
RT 型 碳膜电阻	0.05	$10\sim100\times10^2$	$-(6\sim20)\times10^{-4}$	10MHz 以下
	0.125	$5.1\sim510\times10^3$		
	0.25	$5.1\sim910\times10^3$		
	0.5	$5.1\sim2\times10^6$		
	1.2	$5.1\sim5.1\times10^6$		
RU 型 硅碳膜电阻	0.125、0.5	$5.1\sim510\times10^3$	$\pm(7\sim12)\times10^{-4}$	10MHz 以下
	0.5	$10\sim2\times10^6$		
	0.2	$10\sim10\times10^6$		
RJ 型 金属膜电阻	0.125	$30\sim510\times10^3$	$\pm(6\sim10)\times10^{-4}$	10MHz 以下
	0.25	$30\sim1\times10^6$		
	0.5	$30\sim5.1\times10^6$		
	1.2	$30\sim10\times10^6$		
RX 型 线绕电阻	2.5～100	$5.1\sim56\times10^6$		低频

3. 电位器

电位器是一种具有三个接头的可变电阻器，常用的有下列几种：

（1）WTX 型小型碳膜电位器；

（2）WTH 型合成碳膜电位器；

（3）WHJ 型精密合成膜电位器；

（4）WS 型有机实芯电位器；

（5）WX 型线绕电位器；

（6）WHD 多圈合成膜电位器。

根据不同途径，薄膜电位器按轴旋转角度与实际阻值间的变化关系可分为直线式、指数式和对数式三种。电位器可以带开关，也可以不带开关。

二、电容器

1．电容器的型号命名法

其型号命名法和电阻器命名法一样，即由主体、材料、分类和序号四部分组成。

（1）主称、材料部分的符号及意义如表 B-6 所示。

表 B-6　电容器型号命名法

主　　称		材　　料	
符　　号	意　　义	符　　号	意　　义
		C	高频瓷
		T	低频瓷
		I	玻璃釉
		O	玻璃膜
		Y	云母
		V	云母纸
		Z	纸介
		J	金属化纸
		B	聚苯乙烯等非极性有机薄膜
C	电容器	L	涤纶等极性有机薄膜
		Q	漆膜
		H	纸膜复合
		S	聚碳酸酯
		D	铝电解
		A	钽电解
		G	金属电解
		N	铌电解
		E	其他材料电解

（2）分别部分，除个别类型用字母表示外（如用 G 表示高功率，W 表示微调），一般都用数字表示。其规定如表 B-7 所示。

表 B-7　电容器的分别部分含义

数字 类别 电容名称	1	2	3	4	5	6	7	8	9
瓷介电容器	圆片	管形	叠片	独石	穿心			高压	
云母电容器	非密封	非密封	密封	密封				高压	
有机电容器	非密封	非密封	密封	密封	穿心			高压	特殊
电解电容器	箔式	箔式	烧结粉液体	烧结粉固体		无极性			特殊

2. 电容器的主要性能指标

1）电容器的耐压

常用固定式电容器的直流工作电压系列为（单位为 V）：6.3、10、16、25、32*、40、50*、63、100、160、250、400 等，有"*"号者只限于电解电容器。

2）电容器容许误差等级和标称容量值

按容许误差，电容器分为常见的 7 个等级，如表 B-8 所示。

表 B-8　电容器容许误差等级

容 许 误 差	±2%	±5%	±10%	±20%	+20% −30%	+50% −20%	+100% −10%
级 别	02	I	II	III	IV	V	VI

固定电容器的标称容量系列如表 B-9 所示。

表 B-9　电容器的标称容量系列

名　称	容 许 误 差	容 量 范 围	标 称 容 量 系 列
纸介电容器	±5%	100pF～1μF	1.5　2.2　3.3　4.7　6.8
金属化纸介电容器	±10%		
纸膜复合介质电容器	±20%	1μF～100μF	1、2、4、6、8、10、15、20、30、50、60、80、100
低频（有极性）有机薄膜介质电容器			

续表

名　　称	容许误差	容量范围	标称容量系列
高频（无极性）有机薄膜			
介质电容器	±5%		E24
瓷介电容器	±10%		E12
玻璃釉电容器	±20%		E6
云母电容器	±20%以上		E6
铝、钽、铌电解电容器	±10% ±20% +50% −20% +100% −10%		1、　1.5　2.2 3.3　4.7　6.8 （容量单位为μF）

标称电容量为表中数值或表中数值再乘以 10^n，其中 n 为正整数或负整数。

为了熟悉电容器型号命名和对其特性的了解，举例说明如下：

$$\underline{C} \qquad \underline{C} \qquad \underline{G} \quad \underline{1} \qquad \underline{-63V} \qquad \underline{-0.01\mu F} \qquad \underline{\text{II}}$$

主称　　　材料　　　分类　序号　　耐压　　　标称容量　容许误差

电阻器　高频瓷　　高功率　　　63V　　　0.01μF　　II±20%

它是高功率高频瓷介电容器，耐压 63V，容量为 0.001μF，容许误差为±20%。

表 B-10 列出了常用电容器的几项主要特性。

表 B-10　常用电容器的主要特性

名　　称	型号	容量范围	直流工作 电压（V）	适用频率 （MHz）	准　确　度	漏阻（MΩ）
纸介电容器 （中、小型）	CZ 型	470pF～0.22μF	63～630	8 以下	±(5～20)%	>5000
金属壳密封纸介 电容器	CZ3	0.01μF～10μF	250～1600	直流 脉冲直流	±(5～20)%	>1000～5000
金属化纸介电容 器（中、小型）	CJ	0.01μF～0.2μF	160、250、400	8 以下	±(5～20)%	>2000

续表

名　称	型号	容量范围	直流工作电压（V）	适用频率（MHz）	准确度	漏阻（MΩ）
金属壳密封金属化纸介电容器	CJ3	22μF～30μF	160～1600	直流脉冲直流	±(5～20)%	>30～5000
薄膜电容器		3pF～0.1μF	63～500	高频、低频	±(5～20)%	>10000
云母电容器	CY	10pF～0.051μF	100～7000	75～250 以下	±(2～20)%	>10000
瓷介电容器	CC	1pF～0.1μF	63～630	低频、高频50～3000 以下	±(2～20)%	>10000
铝电解电容器	CD	1～10000μF	4～500	直流脉冲直流	+20% +50% −30% ～ −20%	
钽、铌电解电容器	CA CN	0.47μF～1000μF	6.3～160	直流脉冲直流	±20%～ +20% −30%	
瓷介微调电容器	CCW	2/7pF～7/25pF	250～500	高频		>1000～10000
可变电容器	CB	最小>7pF 最大<1000pF	100 以下	高频、低频		>500

附录 C 常用电子仪器介绍

C.1 数字万用表

UT39A、B、C 是 $3\frac{1}{2}$ 位手持式数字万用表，功能齐全，性能稳定，结构新潮，安全可靠。整机电路设计以大规模集成电路、双积分 A/D 转换器为核心，并配以全功能过载保护，可用于测量交直流电压和电流、电阻、电容、温度、频率、二极管正向压降及电路通断，具有数据保持和睡眠功能。该仪表配有保护套，使其具有足够的绝缘性能和抗震性能。

一、综合指标

数字万用表的综合指标如表 C-1-1 所示。

表 C-1-1 数字万用表的综合指标

基 本 功 能	量　　程	基 本 精 度
直流电压	200mV/2V/20V/200V/1000V	±(0.5%+1)
交流电压	2V/20V/200V/750V	±(0.8%+3)
直流电流	20A/200A/2mA/20mA/200mA/10A	±(0.8%+1)
交流电流	200A/20mA/200mA/10A	±(1%+3)
电阻	200/2k/20k/200k/2M/200M	±(0.8%+1)
电容	2F	±(4%+3)
特殊功能		
二极管测试		√
通断蜂鸣		√
三极管测试		√
睡眠模式		√
低电压显示		√
电压输入阻抗	10MΩ	√
最大显示	1999	√
数据保持		√

二、面板操作键使用说明

数字万用表操作键布局如图 C-1-1 所示。

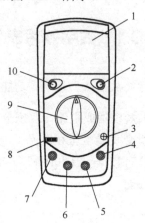

注：1—LCD 显示器；2—数据保持选择按键；3—晶体管放大倍数测试输入座；4—公共输入端；5—其余测量输入端；6—mA 测量输入端；7—20A/10A 电流输入端；8—电容测试座；9—量程开关；10—电源开关。

图 C-1-1　数字万用表操作键布局

显示面板标识如图 C-1-2 所示，标识说明如表 C-1-2 所示。

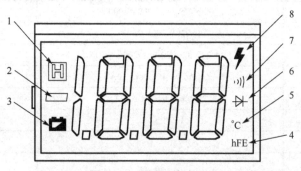

图 C-1-2　显示面板标识

表 C-1-2　显示面板标识说明

1	**H**	数据保持提示符
2	**—**	显示负的读数
3	🔋	电池欠压提示符
4	HFE	晶体管放大倍数提示
5	℃	温度：摄氏符号

6	▸⊦	二极管测量提示符
7	ᐟᐟᐟ	电路通断测量提示符
8	⚡	高压提示符号

三、安全操作准则

（1）使用前应检查仪表及表笔，谨防任何损坏或不正常现象。如果发现任何异常情况，如表笔裸露、机壳破裂，或者认为仪表已无法正常工作，请勿再使用仪表。

（2）表笔破损时必须更换，换上同样型号或相同电气规格的表笔。在使用表笔时，手指必须放在表笔手指保护环之后。

（3）不要在仪表终端及接地之间施加 1000V 以上的电压，以防电击和损坏仪表。

（4）当仪表在 60V 直流电压或 30V 交流有效值电压下工作时，应多加小心，此时会有电击的危险。

（5）后壳没有盖好前严禁使用仪表，否则有电击的危险。

（6）更换保险丝或电池时，在打开后壳或电池盖前应将表笔与被测量电路断开，并关闭仪表电源。

（7）仪表长期不用时，应取出电池。

（8）必须使用同类标称规格的快速反应保险丝更换已损坏的保险丝。

（9）应将仪表置于正确的挡位进行测量，严禁在测量进行中转换挡位，以防损坏仪表。

（10）不允许使用电流测试端子或在电流挡测试电压。

（11）电压输入端子和地之间的最高电压：1000V。

（12）mA 端子的保险丝：φ5×20-F 0.315A/250V。

（13）10A 或 20A 端子：无保险丝。

（14）量程选择：手动。

（15）最大显示：1999，每秒更新 2～3 次。

（16）极性显示：负极性输入显示"−"符号。

（17）过量程显示：1。

（18）被测信号不允许超过规定的极限值，以防电击和损坏仪表。

（19）请勿随意改变仪表内部接线，以免损坏仪表或危及安全。

（20）不要在高温、高湿环境中使用，尤其不要在潮湿环境中存放仪表，受潮后仪表性能可能变劣。

（21）维护保养请使用湿布和温和的清洁剂清洁仪表外壳，不要使用研磨剂。

四、操作说明

仪表具有电源开关，同时设置有自动关机功能，当仪表持续工作约 15 分钟后会自动进入睡眠状态，因此，当仪表的 LCD 上无显示时，首先应确认仪表是否已自动关机。

1. 直流电压测量（见图 C-1-3）

（1）将红表笔插入 VΩ 插孔，黑表笔插入 COM 插孔。

（2）将功能开关置于 V 量程挡。

注意：

不知被测电压范围时，请将功能开关置于最大量程，根据读数需要逐步调低测量量程挡。

当 LCD 只在最高位显示 1 时，说明已超量程，须调高量程。

不要输入高于 1000V 或 750Vrms 的电压，显示更高电压值是可能的，但有损坏仪表内部线路的危险。

测量高电压时，要格外注意，以避免触电。

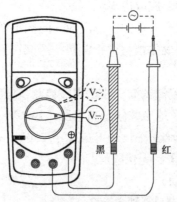

图 C-1-3　直流电压测量示意图

在完成所有的测量操作后，要断开表笔与被测电路的连接，并从仪表输入端拿掉表笔。

每一个量程挡，仪表的输入阻抗均为 10MΩ，这种负载效应在测量高阻电路时会引起测量误差，如果被测电路阻抗≤10kΩ，误差可以忽略（0.1%或更低）。

2．交流电压测量

同直流电压测量。

3．直流电流测量（见图 C-1-4）

（1）将红表笔插入 mA 或 10A 或 20A 插孔（当测量 200mA 以下的电流时，插入 mA 插孔；当测量 200mA 及以上的电流时，插入 10A 或 20A 插孔），黑表笔插入 COM 插孔。

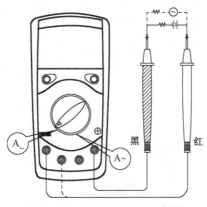

图 C-1-4　直流电流测量示意图

（2）将功能开关置 A 量程，并将测试表笔串联到待测负载回路里。

注意：

当开路电压与地之间的电压超过安全电压 60VDC 或 30Vrms 时，请勿尝试进行电流测量，以避免仪表或被测设备损坏，或者伤害到自己。因为这类电压有电击的危险。

在测量前一定要切断被测电源，认真检查输入端子及量程开关位置是否正确，确认无误后才可通电测量。

不知被测电流值的范围时，应将量程开关置于高量程挡，根据读数需要逐步调低量程。

若输入过载，内装保险丝会熔断，须予更换。

大电流测试时，为了安全使用仪表，每次测量时间应小于 10 秒，测量的间隔时间应大于 15 分钟。

4．交流电流测量

同直流电流测量。

5. 电阻测量（见图 C-1-5）

（1）将红表笔插入 VΩ 插孔，黑表笔插入 COM 插孔。

（2）将功能开关置于Ω量程，将测试表笔并联到待测电阻上。

注意：

测在线电阻时，为了避免仪表受损，须确认被测电路已关掉电源，同时电容已放完电，方能进行测量。

在 200Ω挡测量电阻时，表笔引线会带来 0.1～0.3Ω的测量误差，为了获得精确读数，可以用读数减去红、黑两表笔短路读数值作为最终读数。

当无输入时，如开路情况，仪表显示为 1。

在被测电阻值大于 1MΩ时，仪表需要数秒后方能读数稳定，属于正常现象。

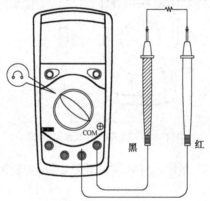

图 C-1-5　电阻测量示意图

6. 频率测量（UT39 C）

将红表笔插入 VΩ插孔，黑表笔插入 COM 插孔。

7. 温度测量（UT39 C）

（1）将热电偶传感器冷端的"+"、"−"极分别插入"VΩ"插孔和"COM"插孔。

（2）将功能开关置于 TEMP（℃）量程，热电偶的工作端（测温端）置于待测物上面或内部。

8. 电容测量（见图 C-1-6）

（1）将功能开关置于电容量程挡。

（2）将待测电容插入电容测试输入端，如果超量程，LCD 上显示"1"，需调高量程。

注意：

如果被测电容短路或其容值超过量程，LCD 上将显示 1。

所有的电容在测试前必须充分放电。

当测量在线电容时，必须先将被测线路内的所有电源关断，并将所有电容器充分放电。

如果被测电容为有极性电容，测量时应按照面板上输入插座上方的提示符将被测电容的引脚正确地与仪表连接。

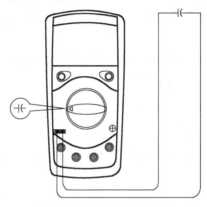

图 C-1-6　电容测量示意图

测量电容时应尽可能使用短连接线，以减小分布电容带来的测量误差。

每次转换量程时，归零需要一定的时间，这个过程中的读数漂移不会影响最终测量精度。

不要输入高于直流 60V 或交流 30V 的电压，避免损坏仪表或伤害到自己。

9．二极管和蜂鸣通断测量（见图 C-1-7）

（1）将红表笔插入 VΩ插孔，黑色表笔插入"COM"插孔。

（2）将功能开关置于二极管和蜂鸣通断测量挡位。

（3）如果将红表笔连接到待测二极管的正极，黑表笔连接到待测二极管的负极，则 LCD 上的读数为二极管正向压降的近似值。

（4）如果将表笔连接到待测线路的两端，若被测线路两端之间的电阻大于 70Ω，认为电路断路；被测线路两端之间的电阻≤10Ω，认为电路良好导通，蜂鸣器连续声响；如果

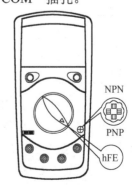

图 C-1-7　二极管电容测量示意图

被测两端之间的电阻在 $10\sim70\Omega$ 之间，蜂鸣器可能响，也可能不响。同时 LCD 显示被测线路两端的电阻值。

注意：

如果被测二极管开路或极性接反（即黑表笔连接的电极为+，红表笔连接的电极为−），LCD 将显示 1。

用二极管挡可以测量二极管及其他半导体器件 PN 结的电压降，对一个结构正常的硅半导体，正向压降的读数应该在 $0.5\sim0.8V$ 之间。

为了避免仪表损坏，在线测试二极管前，应先确认电路已被切断电源，电容已放完电。

不要输入高于直流 60V 或交流 30V 的电压，避免损坏仪表或伤害到自己。

10. 晶体管参数测量（hFE）

（1）将功能/量程开关置于 hFE 挡。

（2）决定待测晶体管是 PNP 或 NPN 型，正确将基极（B）、发射极（E）、集电极（C）对应插入四脚测试座，显示器上即显示出被测晶体管的 hFE 近似值。

五、技术指标

准确度：$\pm$（a%读数+b 字数）。

环境温度：23℃±5℃，相对湿度<75%。

直流电压见表 C-1-3。

表 C-1-3　直流电压技术指标

量　　程	分　辨　力	准确度（a%+b 字数）
200mV	100μV	
2V	1mV	
20V	10mV	±(0.5%+1)
200V	100mV	
1000V	1V	±(0.8%+2)

输入阻抗：所有量程为 $10M\Omega$。

过载保护：对于 200mV 量程为 250V DC 或 AC 有效值。

其余量程过载保护为：交流 750V 或直流 1000V。

交流电压见表 C-1-4。

表 C-1-4　交流电压技术指标

量　　程	分　辨　力	准确度（a%+b 字数）
2V	1mV	
20V	10mV	±(0.8%+3)
200V	100mV	
750V	1V	±(1.2%+3)

输入阻抗：所有量程为 10MΩ。

频率范围：40～400Hz。

过载保护：交流 750V 或直流 1000V。

显示：正弦波有效值（平均值响应）。

直流电流见表 C-1-5。

表 C-1-5　直流电流技术指标

量　　程	分　辨　力	准确度（a%+b 字数）
2mA	1μA	±(0.8%+1)
200mA	100μV	±(1.5%+1)
10A/20A	10mV	±(2%+5)

过载保护。

μAmA 量程：F 0.315A/250V 保险丝 UT39A，UT39B-10A。UT39C-20A 挡量程：无保险丝，每次测量时间应≤10 秒，间隔时间应≥15 分钟。

测量电压降：满量程为 200mV。

交流电流（见表 C-1-6）。

表 C-1-6　交流电流技术指标

量　　程	分　辨　力	准确度（a%+b 字数）
2mA	1μA	±(1%+3)
200mA	100μV	±(1.8%+3)
10A/20A	10mV	±(3%+5)

测量电压降：满量程为 200mV。

频率响应：40～400Hz。

显示：正弦波有效值（平均值响应）。

电阻见表 C-1-7。

表 C-1-7　电阻技术指标

量　　程	分　辨　力	准确度（a%读数+b 字数）
200Ω	0.1Ω	±(0.8%+3)
2kΩ	1Ω	±(0.8%+1)
20kΩ	10Ω	±(0.8%+1)
2MΩ	1kΩ	±(0.8%+1)
20MΩ	10kΩ	±(1%+2)

开路电压≤700mV（200MΩ量程，开路电压约为 3V）。

过载保护：所有量程 250V DC 或 AC 有效值。

注意：在 200MΩ挡，表笔短路，显示器显示 10 个字是正常的，在测量中应从读数中减去这 10 个字。

电容见表 C-1-8。

表 C-1-8　电容技术指标

量　　程	分　辨　力	准确度（a%读数+b 字数）
2nF	1pF	±(4%+3)
200nF	0.1nF	±(4%+3)
20uF	10nF	±(4%+3)

过载保护：AC 250V。

测试信号：约 400Hz，40mVrms。

C.2　直流稳压电源（YB1732A）

一、技术指标

稳压电源技术指标如表 C-2-1 所示。

表 C-2-1　稳压电源技术指标

	主　　路	从　　路	固　定　输　出
输出电压	0～30V		5V
输出电流	0～5A		3A

续表

		主　路	从　路	固定输出
负载效应	CV	$5×10^{-4}$+2mV		
	CC	20mA		
源效应	CV	$1×10^{-4}$+0.5mV		
	CC	$1×10^{-3}$+5mA		
波纹及噪声	CV	1mVrms		
	CC	1mArms		
输出调节分辨率	CV	20mV		
	CC	30mA		
漂移	CV	$1×10^{-3}$+2mA		
	CC	$1×10^{-3}$+10mA		
跟踪误差		±1%+10mA		
显示精度		数字电压表：±1%+2 个字，数字电流表：±2%+2 个字，机械表头：2.5 级		
工作温度		0～+40℃		
可靠性（MTBF）		2000 小时		
冷却方式		风扇冷却		

二、面板操作键使用说明

面板操作键布局图如图 C-2-1 所示。

由图 C-2-1 可知，18 开关按入，19 开关弹出，为串联跟踪，此时调节主电源电压调节旋钮 2，从路输出电压严格跟踪主路输出电压，使输出电压最高可达两路电压的额定值之和。18、19 开关同时按入，为并联跟踪，此时调节主电源电压调节旋钮 2，从路输出电压严格跟踪主路输出电压；调节主电源电流调节旋钮 5，从路输出电流跟踪主路输出电流，使输出电流最高可达两路电流的额定值之和。

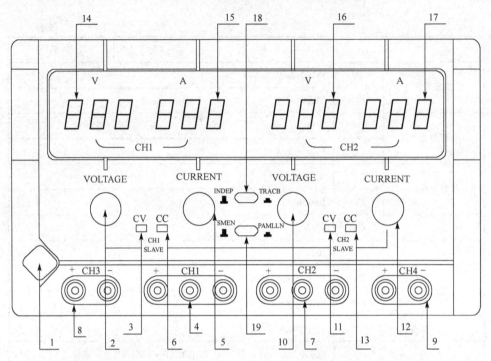

注：1—电源开关（POWER）；2—电压调节旋钮（VOLTAGE）；3—恒压指示灯（C.V）；4—输出端口（CH1）；5—电流调节旋钮（CURRENT）；6—恒流指示灯（C.C）；7—输出端口（CH2）；8—输出端口（CH3）；9—输出端口（CH4）；10—电压调节旋钮（VOLTAGE）；11—恒压指示灯（C.V）；12—电流调节旋钮（CURRENT）；13—恒流指示灯（C.C）；14~17—显示窗口；18—电源独立，组合控制按钮；19—电源串联，并联选择开关。

图 C-2-1　面板操作键布局图

三、使用方法

打开电源开关前先检查输入的电压，将电源线插入后面板的交流插孔，按表 C-2-2 所示设定各个按键。

表 C-2-2　面板操作键布局图

电源（POWER）	电源开关键弹出
电压调节旋钮（VOLTAGE）	调至中间位置
电流调节旋钮（CURRENT）	调至中间位置
跟踪开关（TRACK）	置弹出位置

所有控制键如上设定后，打开电源。

一般检查步骤如下。

（1）调节电压调节旋钮，显示窗口显示的电压值应相应地变化。顺时针调节电压调节旋钮，指示值由小变大；逆时针调节，指示值由大变小。

（2）双路（CH1，CH2）输出端口应有输出。

（3）固定 5V 输出端口应有 5V 输出。

双路（CH1，CH2）输出可调电源的独立使用方法如下。

（1）将 18，19 开关分别置于弹起位置。

（2）可调电源作为稳压电源使用时，首先应将电流调节旋钮 5 和 12 顺时针调节到最大，然后打开电源开关 1，并调节电压调节旋钮 2 和 10，使从路和主路输出直流电压至需要的电压，此时稳压状态指示灯 3 和 11 发光。

（3）可调电源作为恒流源使用时，在打开开关 1 后先将电压调节旋钮 2 和 10 顺时针调节到最大，同时将电流调节旋钮 5 和 12 逆时针调节到最小，然后接上所需负载，顺时针调节旋钮 5 和 12，使输出电流至所需要的稳定电流值。此时恒压指示灯 3 和 11 熄灭，恒流指示灯 6 和 13 发光。

（4）作为稳压源使用时，电流调节旋钮 5 和 12 一般调至最大。但是，本电源也可设置任意限流保护点。设定办法为：打开电源，逆时针将电流调节旋钮 5 和 12 调到最小。然后短接正负端子，并顺时针调节电流调节旋钮 5 和 12。使输出电流等于所要求的限流保护点的电流值，此时限流保护点就设定好了。

双路（CH1，CH2）输出可调电源的串联使用方法如下。

（1）将 18 开关按下，19 开关置于弹起位置，此时，调节主电源电压调节旋钮 2，从路的输出电压严格跟踪主路输出电压，使输出电压最高可达两路电压的额定值之和。

（2）在两路处于串联状态时，两路的输出电压由主路控制，但是两路的电流调节仍然是独立的。因此，在两路串联时应注意电流调节旋钮 12 的位置，如果旋钮 12 在逆时针到底的位置或从路输出电流超过限流保护点，此时，从路的输出电压不再跟踪主路的输出电压。所以，一般两路串联时应将旋钮 12 顺时针调至最大。

双路（CH1，CH2）输出可调电源的并联使用如下。

（1）18 开关按下，19 开关也按下，此时电路电源并联，调节主电源电压调节旋钮 2，两路输出电压一样。同时，主路恒压指示灯 3 发光，从路恒压指示灯 11 熄灭。

（2）在电源处于并联状态时，从路电源的电流调节旋钮 12 不起作用，当电源作为恒流源使用时，只需调节主路的电流调节旋钮 5。此时，主、从路的输出电流均受其控制并相同。其输出电流最大可达两路输出电流之和。

C.3　函数信号发生器（YB1600）

一、函数信号发生器（YB1600）简介

YB1600 函数信号发生器是一种新型高精度信号源，具有数字频率计、计数器及电压显示功能，仪器功能齐全，各端口具有保护功能，有效防止了输出短路和外电路电流的倒灌对仪器的损坏，提高了整机系统的可靠性。

二、技术指标

（1）电压输出见表 C-3-1。

表 C-3-1　电压输出技术指标

频率范围	0.2Hz～2MHz
频率分挡	七挡十进制
频率调整率	0.1～1
输出波形	正弦波、方波、三角波、脉冲波、谐波、50Hz 正弦波
输出阻抗	50Ω
输出信号类型	单频、调频、扫频
扫描频率	10ms～5s
VCF 电压范围	0～5V，压控比≥100:1
外调频电压	0～3V_{p-p}
外调频频率	10Hz～20kHz
输出电压幅度	20V_{p-p}(1MΩ)，10V_{p-p}(50Ω)
输出保护	短路，抗输入电压：±35V（1 分钟）
正弦波失真度	≤100kHz：2%；>100kHz：30dB
频率响应	±0.5dB
三角波线性	≤100kHz：98%；>100kHz：95%
对称度调节	20%～80%
直流偏置	±10V（1MΩ）；±5V（50Ω）
方波上升时间	100ns，5V_{p-p}1MHz
衰减精度	≤±3%
对称度对频率影响	±10%
50Hz 正弦输出	约 2V_{p-p}

（2）TTL/CMOS 输出见表 C-3-2。

表 C-3-2 TTL/CMOS 输出技术指标

输出幅度	"0"：≤0.6V；"1"：≥2.8V
输出阻抗	600Ω
短路，抗输入电压	±35V（1 分钟）

（3）频率计数见表 C-3-3。

表 C-3-3 频率计数技术指标

测量精度	6 位±1% ±1 个字
分辨率	0.1Hz
阀门时间	10s，1s，0.1s
外测频范围	1Hz～10MHz
外测频灵敏度	100mV
计数范围	999999

（4）幅度显示。

显示位数：三位。

显示单位：V_{p-p} 或 mV_{p-p}。

显示误差：±15%±1 个字。

负载为 1MΩ时：直读。

负载电阻为 50Ω：读数÷2。

分辨率：1mV，$1mV_{p-p}$(40dB)。

三、面板操作键使用说明

函数信号发生器面板操作键布局如图 C-3-1 所示。

函数信号发生器面板操作键说明如下。

（1）电源开关（POWER）：将电源开关按键弹出即为"关"位置，将电源线接入，按电源开关，以接通电源。

（2）LED 显示窗口：此窗口指示输出信号的频率，当"外侧"开关按入时，显示外侧信号频率，如果超出测量范围，则溢出指示灯亮。

（3）频率调节旋钮（FREQUENCY）：调节此旋钮改变输出信号的频率，顺时针旋转，频率增大，逆时针旋转，频率减小，微调旋钮可以微调频率。

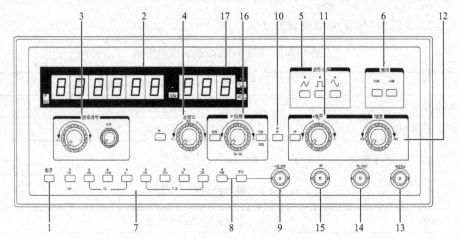

图 C-3-1　函数信号发生器面板操作键布局图

（4）占空比（DUTY）：占空比开关，占空比调节旋钮，将占空比开关按入，占空比指示灯亮；调节占空比旋钮，可改变波形的占空比。

（5）波形选择开关（WAVE FORM）：按对应波形的某一键，可选择需要的波形。

（6）衰减开关（ATTE）：电压输入衰减开关，两挡开关组合为 20dB、40dB、60dB。

（7）频率范围选择开关（并兼频率计阀门开关）：根据所需频率，按其中一键。

（8）计数、复位开关：按计数按键，LED 显示开始计数；按复位键，LED 显示全为零。

（9）计数/频率端口：计数，外测频率输入端口。

（10）外测频开关：按入此开关，LED 显示窗口显示外测信号频率或计数值。

（11）电平调节：按入电平调节开关，电平指示灯亮，此时调节电平调节旋钮，可改变直流偏置电平。

（12）幅度调节旋钮（AMPLTUDE）：顺时针调节此旋钮可增大电压输出幅度；逆时针调节此旋钮可减少电压输出幅度。

（13）电压输出端口（VOLTAGE OUT）：电压输出由此端口输出。

（14）TTL/CMOS 输出端口：由此端口输出 TTL/CMOS 信号。

（15）VCF：由此端口输入电压控制频率变化。

（16）扫描：按入扫描开关，电压输出端口输出信号为扫频信号，调节速率旋钮可改变扫频速率，改变线性/对数开关可产生线性扫频和对数扫频。

（17）电压输出指示：3 位 LED 显示输出电压值，输出接 50Ω负载时应将读数除以 2。

（18）50Hz 正弦波输出端口：50Hz 约 $2V_{\text{p-p}}$ 正弦波由此端口输出。

四、操作方法

打开电源开关之前，首先检查输入的电压，将电源线插入后面板的电源插孔，按表 C-3-4 所示设定各个控制键。

表 C-3-4　控制键设定方法

电源（POWER）	电源开关键弹出
衰减开关（ATTE）	弹出
外测频（COUNTER）	外测频开关弹出
电平	电平开关弹出
扫频	扫频开关弹出
占空比	占空比开关弹出

所有的控制键如上设定后，打开电源。函数信号发生器默认 10k 挡正弦波，LED 显示窗口显示本机输出信号频率。

1．三角波、方波、正弦波产生

（1）利用波形开关（WAVE FORM）分别选择正弦波、方波、三角波，此时示波器屏幕上将分别显示正弦波、方波、三角波。

（2）改变频率选择开关，示波器显示的波形及 LED 窗口显示的频率将发生明显的变化。

（3）幅度旋钮（AMPLTUDE）顺时针旋转至最大，示波器将显示的波形幅度 $\geq 20V_{\text{p-p}}$。

（4）按入电平开关，顺时针旋转电平旋钮至最大，示波器波形向上移动，逆时针旋转，示波器波形向下移动，最大变化量±10V 以上。注意：信号超过±10V 或±5V（50Ω）时被限幅。

（5）按下衰减开关，输出波形将被衰减。

2．计数、复位

（1）按复位键，LED 显示全为 0。

（2）按计数键，计数/频率输入端输入信号时，LED 显示开始计数。

3. 斜波产生

（1）波形开关置"三角波"。

（2）占空比开关按入，指示灯亮。

（3）调节占空比旋钮，三角波将变成斜波。

4. 外测频率

（1）按入外测开关，外测频率指示灯亮。

（2）外测信号由计数/频率输入端输入。

（3）选择适当的频率范围，由高程向低程选择合适的有效数，确保测量精度。当有溢出指示时，请提高一挡量程。

5. TTL 输出

（1）TTL/CMOS 端口接示波器 Y 轴输入端（DC 输入）。

（2）示波器将显示方波或脉冲波，该输入可作为 TTL/CMOS 数字电路实验时钟信号源。

6. 扫描（SCAN）

（1）按入扫描开关，此时幅度输出端口输出的信号为扫描信号。

（2）线性/对数开关，在扫描状态下，弹出时为线性扫描，按入时为对数扫描。

（3）节扫描旋钮可改变扫描速率，顺时针调节可增大扫描速率，逆时针调节可减慢扫描速率。

7. VCF（压控调频）

由 VCF 输入端口输入 $0\sim5V$ 的调制信号，此时幅度输出端口输出为压控信号。

8. 调频（FM）

由 FM 输入输出端口输入电压为 $10Hz\sim20kHz$ 的调制信号，此时，幅度端口输出为调频信号。

9. 50Hz 正弦波

由交流 OUTPUT 输出端口输出 50Hz 约 $2V_{p\text{-}p}$ 的正弦波。

五、实验注意事项

（1）为了获得高质量的小信号（mV 级），可暂将"外测开关"置"外"以降低数字信号的干扰。

（2）外测频时，请选择高量程挡，然后根据测量值选择合适的量程，确保测量精度。

（3）电压幅度输出 TTL/CMOS 要尽可能避免长时间短路或电流倒灌。

（4）各输入端口的输入电压不要高于±35V。

（5）为了观察准确的函数波形，建议示波器带宽应高于该仪器上限频率的两倍。

（6）如果仪器不能正常工作，重新开机检查操作步骤。

C.4　毫伏表（YB2173F）

一、技术指标

（1）测量电压范围：$300\mu V\sim 300V$，$-70\sim +50dB$。

（2）基准条件下电压范围（以 1kHz 为基准）：±1.5%±3 个字。

（3）测量电压的频率范围：$10Hz\sim 2MHz$。

（4）基准条件下频率影响误差（以 1kHz 为基准）（见表 C-4-1）。

表 C-4-1　影响误差

50Hz～80kHz	±4%±8 个字
20～50Hz；80～500kHz	±6%±10 个字
10～20Hz；500kHz～2MHz	±15%±15 个字

（5）分辨力：$10\mu V$。

（6）输入阻抗：输入电阻≥1MΩ，输入电容≤40pF。

（7）双通道隔离度：100dB。

（8）最大输入电压：500V（DC+Acp-p）。

（9）输出电压：1Vrms±5%。

（10）噪声：输入短路≤15 个字。

二、面板操作键使用说明

毫伏表面板操作键布局如图 C-4-1 所示。

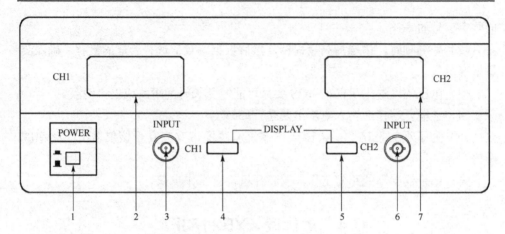

注：1—电源开关；2—通道1（CH1）电压/分贝显示窗口；3—通道1（CH1）输入插座；4—通道1（CH1）V/dB 转换开关；5—通道2（CH2）V/dB 转换开关；6—通道2（CH2）输入插座；7—通道2（CH2）电压/分贝显示窗口。

图 C-4-1 毫伏表面板操作键布局图

三、基本操作

（1）打开电源开关前，首先检查输入的电源电压，然后将电源线插入后面板的交流插口。

（2）电源线接入后，按电源开关以接通电源，并预热 5 分钟。

（3）将输入信号由输入端口送入交流毫伏表即可。

四、使用注意事项

（1）避免过冷或过热。不可将交流毫伏表长期暴露在阳光下或靠近热源的地方。

（2）不可在寒冷天室外使用，仪器工作温度为 0～40℃。

（3）避免寒冷环境与炎热环境交替。不可将交流毫伏表从炎热的环境中突然转到寒冷的环境，反之亦然，这将导致仪器内部形成凝结。

（4）避免湿度、水分和灰尘。如果交流毫伏表在湿度大或灰尘多的地方使用，可能导致仪器操作出现故障，最佳使用湿度范围是 35%～90%。

（5）应避免在剧烈震动的地方使用交流毫伏表，否则会导致仪器操作出现故障。

（6）注意磁器和存在强磁场的地方。数字交流毫伏表对电磁场较为敏感，不可在具有强烈磁场作用的地方操作毫伏表，不可将磁性物体靠近毫伏表，应避免阳光或紫外线对仪器的直接照射。

（7）不可将物体放在交流毫伏表上，注意不要堵塞仪器通风口。

C.5 示波器（DS1052E 带 USB）

一、DS1052E 示波器简介

DS1052E 为双通道加一个外部触发输入通道的数字示波器。可以直接使用 AUTO 键，将立即获得适合的波形显示和挡位设置。此外，高达 1GSa/s 的实时采样、25GSa/s 的等效采样率及强大的触发和分析能力，可更快、更细致地观察、捕获和分析波形。

主要特点如下：

（1）提供双模拟通道输入，最大 1GSa/s 实时采样率，25GSa/s 等效采样率，每通道带宽为 50MHz；

（2）16 个数字通道，可独立接通或关闭；

（3）5.6 英寸 64k 色 TFT LCD；

（4）触发功能有边沿、脉宽、视频、斜率、交替、码型；

（5）自动测量 22 种波形参数，具有自动光标跟踪测量功能；

（6）独特的波形录制和回放功能；

（7）精细的延迟扫描功能；

（8）内嵌 FFT 功能；

（9）拥有 LPF，HPF，BPF，BRF 4 种实用的数字滤波器；

（10）Pass/Fail 检测功能，可通过光电隔离的 Pass/Fail 端口输出检测结果；

（11）多重波形数学运算功能；

（12）提供功能强大的上位机应用软件 UltraScope；

（13）标准配置接口为 USB Device，USB Host，RS 232，支持 U 盘存储和 PictBridge 打印锁键盘功能；

（14）支持远程命令控制；

（15）嵌入式帮助菜单，支持中英文输入；

（16）支持 U 盘及本地存储器的文件存储；

（17）模拟通道波形亮度可调；

（18）波形显示可以自动设置（AUTO）；

（19）弹出式菜单显示。

DS1052E 示波器操作面板如图 C-5-1 所示。

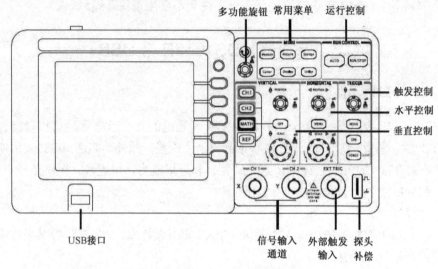

图 C-5-1　DS1052E 示波器操作面板

二、基本操作

1. 波形自动显示设置

（1）将被测信号连接到信号输入通道。

（2）按下 AUTO 按键。

根据输入的信号，可自动调整电压倍率、时基及触发方式，使波形显示达到最佳状态。应用自动设置要求被测信号的频率大于或等于 50Hz，占空比大于 1%。

2. 垂直系统（VERTICAL）（见图 C-5-2）

（1）使用垂直 POSATION 旋钮控制信号的垂直显示位置。

当转动垂直 POSATION 旋钮时，指示通道地（GROUND）的标识跟随波形而上下移动。可以通过按下该旋钮作为设置通道垂直显示位置恢复到零点的快捷键。

（2）改变垂直设置，并观察因此导致的状态信息变化。

可以通过波形窗口下方的状态栏显示的信息确定任何垂直挡位的变化。

转动垂直 SCALE 旋钮改变"Volt/div（伏/格）"垂直挡位，可以发现状态栏对应通道的挡位显示发生了相应的变化，可通过按下垂直 SCALE 旋钮作为设置输入通道的粗调/微调状态的快捷键。

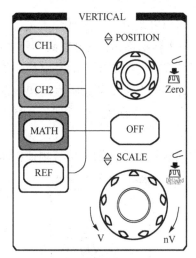

图 C-5-2　垂直系统操作

3．水平系统（HORIZONTAL）（见图 C-5-3）

（1）使用水平 <u>SCALE</u> 旋钮改变水平挡位设置，并观察因此导致的状态信息变化。

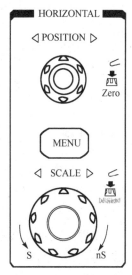

转动水平 <u>SCALE</u> 旋钮改变"s/div（秒/格）"水平挡位，可以发现状态栏对应通道的挡位显示发生了相应的变化。水平扫描速度从 2ns～50s，以 1−2−5 的形式步进。

按下此按钮切换到延迟扫描状态。

（2）使用水平 <u>POSATION</u> 旋钮调整信号在波形窗口的水平位置。

当转动水平 <u>POSATION</u> 旋钮调节触发位移时，可以观察到波形随旋钮而水平移动。

可以按下该键使触发位移（或延迟扫描位移）恢复到水平零点处。

（3）按 MENU 按键，显示 TIME 菜单。

图 C-5-3　水平系统操作

在此菜单下，可以开启/关闭延迟扫描或切换 Y−T、X−Y 和 ROLL 模式，还可以将水平触发位移复位。

4．触发系统（TRIGGER）（见图 C-5-4）

（1）使用 <u>LEVEL</u> 旋钮改变触发电平设置。

　　转动 LEVEL 旋钮，可以发现屏幕上出现一条橘红色的触发线及触发标志，随旋钮转动而上下移动。停止转动旋钮，此触发线和触发标志会在约 5 秒后消失。在移动触发线的同时，可以观察到在屏幕上触发电平的数值发生了变化。

　　按下该旋钮，作为设置触发电平恢复到零点的快捷键。

　　（2）使用 MENU 调出触发操作菜单，改变触发的设置，观察由此造成的状态变化。

　　（3）按 50%按键，设定触发电平在触发信号幅值的垂直中点。

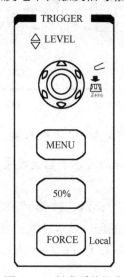

图 C-5-4　触发系统操作

三、操作实例

　　例一：测量简单信号。

　　观测电路中的一个未知信号，迅速显示和测量信号的频率和峰峰值。

　　（1）欲迅速显示该信号，可按如下步骤操作：

　　① 将探头菜单衰减系数设定为 10X，并将探头上的开关设定为 10X；

　　② 将通道 1 的探头连接到电路被测点；

　　③ 按下 AUTO（自动设置）按键。

　　示波器将自动设置使波形显示达到最佳状态。在此基础上，可以进一步调节垂直、水平挡位，直至波形的显示符合要求。

　　（2）进行自动测量。

　　示波器可对大多数显示信号进行自动测量。测量信号频率和峰峰值，可按如下步骤操作。

① 测量峰峰值：

按下 Measure 按键以显示自动测量菜单；

按下 1 号菜单操作键以选择信源 CH1；

按下 2 号菜单操作键选择测量类型为电压测量；

在电压测量弹出菜单中选择测量参数为峰峰值；

此时，可以在屏幕左下角发现峰峰值的显示。

② 测量频率：

按下 3 号菜单操作键选择测量类型为时间测量；

在时间测量弹出菜单中选择测量参数为频率；

此时，可以在屏幕下方发现频率的显示。

例二：观察正弦波信号通过电路产生的延迟和畸变。

设置探头和示波器通道的探头衰减系数为 10X。将示波器 CH1 通道与电路信号输入端相接，CH2 通道则与输出端相接。

操作步骤如下。

（1）显示 CH1 通道和 CH2 通道的信号。

① 按下 AUTO（自动设置）按键；

② 继续调整水平、垂直挡位直至波形显示满足测试要求；

③ 按 CH1 按键选择通道 1，旋转垂直（VERTICAL）区域的垂直旋钮调整通道 1 波形的垂直位置；

④ 按 CH2 按键选择通道 2，如前操作，调整通道 2 波形的垂直位置，使通道 1、2 的波形既不重叠在一起又利于观察比较。

（2）测量正弦信号通过电路后产生的延时，并观察波形的变化。

① 按下 Measure 按钮以显示自动测量菜单；

② 按下 1 号菜单操作键以选择信源 CH1；

③ 按下 3 号菜单操作键选择时间测量；

④ 在时间测量选择测量类型为延迟 1 和 2。

例三：捕捉单次信号。

方便地捕捉脉冲、毛刺等非周期性的信号是数字示波器的优势和特点。若要捕捉一个单次信号，首先需要对此信号有一定的了解，才能设置触发电平和触发沿。例如，若脉冲是一个 TTL 电平的逻辑信号，触发电平应该设置为 2V，触发沿设置为上升沿触发。如果对于信号的情况不确定，可以通过自动或普通的触发方式先行观察，以确定触发电平和触发沿。

操作步骤如下。

（1）如前例设置探头和 CH1 通道的衰减系数。

（2）进行触发设定。

① 按下触发（TRIGGER）控制区域 MENU 按钮，显示触发设置菜单。

② 在此菜单下分别应用 1～5 号菜单操作键设置触发类型为边沿触发、边沿类型为上升沿、信源选择为 CH1、触发方式为单次、触发设置耦合为直流。

③ 调整水平时基和垂直挡位至适合的范围。

④ 旋转触发（TRIGGER）控制区域旋钮，调整适合的触发电平。

⑤ 按 RUN/STOP 执行按钮，等待符合触发条件的信号出现。如果有某一信号达到设定的触发电平，即采样一次，显示在屏幕上。

例四：减少信号上的随机噪声。

如果被测试的信号上叠加了随机噪声，可以通过调整示波器的设置滤除或减小噪声，避免其在测量中对本体信号的干扰。

操作步骤如下。

（1）如前例设置探头和 CH1 通道的衰减系数。

（2）连接信号使波形在示波器上稳定地显示。

（3）通过设置触发耦合改善触发。

① 按下触发（TRIGGER）控制区域 MENU 按键，显示触发设置菜单。

② 触发设置，耦合选择低频抑制或高频抑制。

低频抑制是设定一个高通滤波器，可滤除 8kHz 以下的低频信号分量，允许高频信号分量通过。

高频抑制是设定一个低通滤波器，可滤除 150kHz 以上的高频信号分量（如 FM 广播信号），允许低频信号分量通过。通过设置低频抑制或高频抑制可以分别抑制低频或高频噪声，以得到稳定的触发。

（4）通过设置采样方式和调整波形亮度减少显示噪声。

① 如果被测信号上叠加了随机噪声，导致波形过粗，可以应用平均采样方式去除随机噪声的显示，使波形变细，便于观察和测量。取平均值后随机噪声被减小，信号的细节更易观察。

具体的操作是：按面板 MENU 区域的 Acquire 按钮，显示采样设置菜单。按 1 号菜单操作键设置获取方式为平均状态，然后按 2 号菜单操作键调整平均次数，依次由 2～256 以 2 倍数步进，直至波形的显示满足观察和测试要求。

② 减少显示噪声也可以通过降低波形亮度来实现。

例五：应用光标测量。

使用光标可迅速地对波形进行时间和电压测量。

测量 Sinc 第一个波峰的频率。

欲测量信号上升沿处的 Sinc 频率，请按如下步骤操作：

（1）按下 Cursor 按钮以显示光标测量菜单；

（2）按下 1 号菜单操作键设置光标模式为手动；

（3）按下 2 号菜单操作键设置光标类型为 X；

（4）旋动多功能旋钮将光标 1 置于 Sinc 的第一个峰值处；

（5）旋动多功能旋钮将光标 2 置于 Sinc 的第二个峰值处。

测量 Sinc 第一个波峰的幅值。欲测量 Sinc 幅值，请按如下步骤操作：

（1）按下 Cursor 按钮以显示光标测量菜单；

（2）按下 1 号菜单操作键设置光标模式为手动；

（3）按下 2 号菜单操作键设置光标类型为 Y；

（4）旋动多功能旋钮将光标 1 置于 Sinc 的第一个峰值处；

（5）旋动多功能旋钮将光标 2 置于 Sinc 的第二个峰值处。

光标菜单中将显示下列测量值：

（1）增量电压（Sinc 的峰—峰电压）；

（2）光标 1 处的电压；

（3）光标 2 处的电压。

C.6　示波器（DS5102CA）

一、DS5102CA 示波器简介

DS5102CA 为双通道加一个外部触发输入通道的数字示波器。可以直接使用 AUTO 键，将立即获得适合的波形显示和挡位设置。此外，高达 1GSa/s 的实时采样、50GSa/s 的等效采样率及强大的触发和分析能力，可更快、更细致地观察、捕获和分析波形。

主要特点如下：

（1）提供双模拟通道输入，最大 1GSa/s 实时采样率，50GSa/s 等效采样率，每通道带宽 100MHz；

（2）320×240 分辨率；

（3）自动波形，状态设置（AUTO）；

（4）触发功能有边沿、脉宽、视频、斜率、交替、码型；

（5）自动测量 20 种波形参数，具有自动光标跟踪测量功能；

（6）精细的延迟扫描功能；

（7）内嵌 FFT 功能；

（8）拥有 LPF，HPF，BPF，BRF 4 种实用的数字滤波器；

（9）50Ω/1MΩ输入阻抗选择；

（10）Pass/Fail 检测功能；

（11）多重波形数学运算功能。

DS5102CA 示波器操作面板如图 C-6-1 所示。

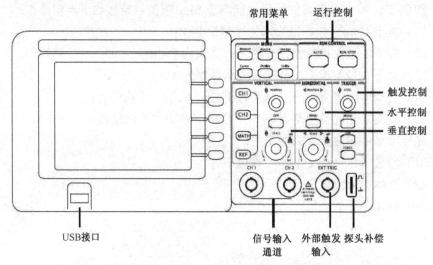

图 C-6-1　DS5102CA 示波器操作面板

二、基本操作

1. 波形自动显示设置

（1）将被测信号连接到信号输入通道。

（2）按下 AUTO 按键。

根据输入的信号，可自动调整电压倍率、时基及触发方式，使波形显示达到最佳状态。应用自动设置要求被测信号的频率大于或等于 50Hz，占空比大于 1%。

2. 垂直系统（VERTICAL）

（1）使用垂直 <u>POSATION</u> 旋钮控制信号的垂直显示位置。

转动垂直 <u>POSATION</u> 旋钮，指示通道地（GROUND）的标识跟随波形而上下移动。可以通过按下该旋钮作为设置通道垂直显示位置恢复到零点的快捷键。

（2）改变垂直设置，并观察因此导致的状态信息变化。

可以通过波形窗口下方的状态栏显示的信息确定任何垂直挡位的变化。

转动垂直 SCALE 旋钮改变"Volt/div（伏/格）"垂直挡位，可以发现状态栏对应通道的挡位显示发生了相应的变化。

可通过按下垂直 SCALE 旋钮作为设置输入通道的粗调/微调状态的快捷键。

3．水平系统（HORIZONTAL）（见图 C-6-2）

（1）使用水平 SCALE 旋钮改变水平挡位设置，并观察因此导致的状态信息变化。

转动水平 SCALE 旋钮改变"s/div（秒/格）"水平挡位，可以发现状态栏对应通道的挡位显示发生了相应的变化。水平扫描速度从 2ns～50s，以 1－2－5 的形式步进。

按下此按钮切换到延迟扫描状态。

（2）使用水平 POSATION 旋钮调整信号在波形窗口的水平位置。

当转动水平 POSATION 旋钮调节触发位移时，可以观察到波形随旋钮而水平移动。

可以按下该键使触发位移（或延迟扫描位移）恢复到水平零点处。

（3）按 MENU 按键，显示 TIME 菜单。

在此菜单下，可以开启/关闭延迟扫描或切换 Y－T、X－Y 和 ROLL 模式，还可以将水平触发位移复位。

4．触发系统（TRIGGER）（见图 C-6-3）

（1）使用 LEVEL 旋钮改变触发电平设置。

转动 LEVEL 旋钮，可以发现屏幕上出现一条橘红色的触发线及触发标志，随旋钮转动而上下移动。停止转动旋钮，此触发线和触发标志会在约 5 秒后消失。在移动触发线的同时，可以观察到在屏幕上触发电平的数值发生了变化。

按下该旋钮作为设置触发电平恢复到零点的快捷键。

（2）使用 MENU 调出触发操作菜单，改变触发的设置，观察由此造成的状态变化。

（3）按 50% 按键，设定触发电平在触发信号幅值的垂直中点。

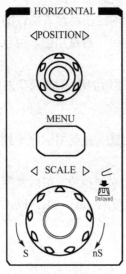

图 C-6-2　水平系统操作

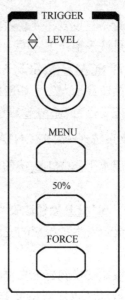

图 C-6-3　触发系统操作